Sitzungsberichte
der Akademie der Wissenschaften
der DDR
Mathematik – Naturwissenschaften – Technik

12 N

1979

Probleme und Ergebnisse aus der Arbeitsgruppe Kybernetik/Informationsverarbeitung der Klasse Mathematik 1977/78

AKADEMIE-VERLAG · BERLIN

Sitzungsberichte
der Akademie der Wissenschaften
der DDR
Mathematik – Naturwissenschaften – Technik

Jahrgang 1979 – Nr. 12/N

Probleme und Ergebnisse aus der Arbeitsgruppe Kybernetik/ Informationsverarbeitung der Klasse Mathematik 1977/78

AKADEMIE-VERLAG · BERLIN
1981

Herausgegeben im Auftrage
des Präsidenten der Akademie
der Wissenschaften der DDR
von Vizepräsident Prof. Dr. Heinrich Scheel

Erschienen im Akademie-Verlag, DDR-1080 Berlin, Leipziger Str. 3–4

Lizenznummer: 202 · 100/278/80
Gesamtherstellung: VEB Druckhaus Köthen
Bestellnummer: 762 769 5 (2010/79/12/N) · LSV 1095
Printed in GDR
DDR 8,50 M

Inhalt

Sitzungsberichte der AdW der DDR 12 N/1979

D. Bochmann, Ch. Posthoff

Die Behandlung BOOLEscher Gleichungen mit Hilfe des BOOLEschen Differentialkalküls

Die Untersuchung BOOLEscher Gleichungen reicht zurück bis in die letzten Jahrzehnte des vorigen Jahrhunderts und hat seither an Aktualität noch gewonnen, vor allen Dingen durch die Entwicklung technischer diskreter bzw. binärer Systeme, durch die Entwicklung der Optimierung, der Automaten- und der Graphentheorie. Ein zusammenfassender geschlossener Überblick über den Problemkreis liegt gegenwärtig nicht vor und soll einer späteren Darstellung vorbehalten bleiben. Ein sehr umfangreiches Literaturverzeichnis ist in [1] angeführt; zur numerischen Behandlung BOOLEscher Gleichungen sei etwa auf [2] verwiesen.

In dieser Arbeit soll die Auflösung BOOLEscher Gleichungen unter Verwendung des BOOLEschen Differentialkalküls untersucht werden. Diese Problemstellung zählt zu den ersten Fragestellungen, die von AKERS 1959 [3] mit Hilfe BOOLEscher Ableitungsoperationen in Angriff genommen wurde und bildet damit einen der Ausgangspunkte für die Entwicklung dieses Kalküls.

Es wird gezeigt, welche allgemeinen Probleme bei der Auflösung binärer Gleichungen und Gleichungssysteme auftreten und welche neuen Ergebnisse mit Hilfe BOOLEscher Ableitungsoperationen gefunden wurden. Dabei werden diese Operationen hier nur soweit angeführt, wie es zum Verständnis unbedingt notwendig ist. Eine systematische Untersuchung dieser Operationen und die Darstellung vieler wichtiger Zusammenhänge wird in [4] vorgenommen. Zum Stand der Entwicklung des Differentialkalküls sei etwa auf die Bibliographie [5] verwiesen.

Auf eine ausführliche Darstellung aller Beweise muß aus Umfangsgründen verzichtet werden.

1. Zusammenstellung der Grundbegriffe

B sei die Zweiermenge $\{0, 1\}$, B^n bezeichne die Menge aller *n-stelligen Binärvektoren* (n-tupel)

$$x = (x_1, \ldots, x_n)$$

mit $x_i \in B$, $i = \ldots, n$.

Eine *binäre* (BOOLEsche) *Funktion* f von n Variablen ist eine eindeutige Abbildung von B^n in B.

Spezielle Funktionen von zwei Variablen (zweistellige Operationen) sind beispielsweise

die *Disjunktion* (Alternative): $f_1 = x_1 \vee x_2$,
die *Konjunktion*: $f_2 = x_1 \wedge x_2$,
die *Antivalenz* (exklusives Oder): $f_3 = x_1 \nsim x_2$,

die auf Grund der Assoziativität von $\vee$, $\wedge$ bzw. $\nsim$ induktiv auf n Variable verallgemeinert werden können:

$$g_1 = x_1 \vee x_2 \vee \ldots \vee x_n = \bigvee_{i=1}^{n} x_i,$$

$$g_2 = x_1 \wedge x_2 \wedge \ldots \wedge x_n = \bigwedge_{i=1}^{n} x_i,$$

$$g_3 = x_1 \nsim x_2 \nsim \ldots \nsim x_n = \sum_{i=1}^{n} x_i.$$

g_1 nimmt den Wert 0 an, wenn alle $x_i = 0$ sind, g_2 den Wert 1, falls alle $x_i = 1$ sind, g_3 erhält den Wert 1, falls die Anzahl der x_i mit $x_i = 1$ ungerade ist.

Die wichtigste einstellige Operation ist die *Negation*

$$f_4 = \bar{x}_1,$$

für die $f_4(0) = 1$, $f_4(1) = 0$ gilt.

Sind $\underline{x}$ und $\underline{y}$ Binärvektoren:

$$\underline{x} = (x_1, x_2, \ldots, x_n) \quad \underline{y} = (y_1, y_2, \ldots, y_n),$$

so werden die Operationen komponentenweise ausgeführt:

$$\underline{x} \wedge \underline{y} = (x_1 \wedge y_1, x_2 \wedge y_2, \ldots, x_n \wedge y_n),$$
$$\underline{x} \vee \underline{y} = (x_1 \vee y_1, x_2 \vee y_2, \ldots, x_n \vee y_n),$$
$$\underline{x} \nsim \underline{y} = (x_1 \nsim y_1, x_2 \nsim y_2, \ldots, x_n \nsim y_n),$$
$$\bar{\underline{x}} = (\bar{x}_1, \bar{x}_2, \ldots, \bar{x}_n).$$

Sind $f(x_1, \ldots, x_n)$ und $g(x_1, \ldots, x_n)$ binäre Funktionen von n Variablen, dann heißt

$$f(x_1, \ldots, x_n) = g(x_1, \ldots, x_n) \tag{1}$$

eine *binäre* (BOOLEsche) *Gleichung*,

$$f(x_1, \ldots, x_n) \leq g(x_1, \ldots, x_n) \tag{2}$$

eine *binäre* (BOOLEsche) *Ungleichung*.

Ein Binärvektor $\underline{a} = (a_1, \ldots, a_n)$ heißt *Lösung* der Gleichung (1), falls $f(\underline{a}) = g(\underline{a})$ gilt (d.h. falls durch das Einsetzen der Werte $a_1, \ldots, a_n$ in die Gleichung die Identitäten $0 \equiv 0$ oder $1 \equiv 1$ entstehen);

$\underline{a}$ erfüllt die Ungleichung (2), falls $f(\underline{a}) \leq g(\underline{a})$ gilt (d.h. falls durch das Einsetzen der Werte $a_1, \ldots, a_n$ eine der Beziehungen $0 \leq 0$, $0 \leq 1$ oder $1 \leq 1$ entsteht).

Von grundlegender Bedeutung ist die Tatsache, daß jede binäre Gleichung oder Ungleichung auf eine äquivalente homogene Gleichung der Form

$$f(x_1, \ldots, x_n') = 0 \tag{3}$$

zurückgeführt werden kann.

Darüber hinaus ist es auch möglich, jedes Gleichungs-, jedes Ungleichungs- und jedes gemischte Gleichungs–Ungleichungssystem auf *eine* äquivalente homogene Gleichung der Form (3) zurückzuführen. Dabei versteht man unter einer *äquivalenten* homogenen Gleichung eine solche Gleichung, deren Lösungsmenge genau die gleiche ist wie die der ursprünglichen Gleichung bzw. Ungleichung (bzw. der entsprechenden Systeme).

Satz 1. Für binäre Funktionen $f(x_1, \ldots, x_n)$, $g(x_1, \ldots, x_n)$ gilt:

$$f(\underline{x}) = g(\underline{x}) \Leftrightarrow f(\underline{x}) \not\sim g(\underline{x}) = 0 \tag{4}$$

$$f(\underline{x}) \leq g(\underline{x}) \Leftrightarrow f(\underline{x})\, \overline{g(\underline{x})} = 0 \tag{5}$$

$$\left.\begin{array}{l} f(\underline{x}) = 0 \\ g(\underline{x}) = 0 \end{array}\right\} \Leftrightarrow f(\underline{x}) \vee g(\underline{x}) = 0. \tag{6}$$

Anmerkung: Das $\wedge$-Zeichen wird meistens der Einfachheit halber weggelassen:

$$f(\underline{x})\, g(\underline{x}) = f(\underline{x}) \wedge g(\underline{x}).$$

Zur Umrechnung von $\vee$ in $\not\sim$ und umgekehrt benutze man die Beziehungen

$$a \vee b = a \not\sim b \not\sim ab, \quad a \not\sim b = a\bar{b} \vee \bar{a}b.$$

Mit Hilfe der Beziehungen (4) bzw. (5) überführt man jede Gleichung bzw. Ungleichung in die homogene Form. Bei Gleichungssystemen verwendet man zusätzlich (6), um eine einzige Gleichung herzustellen.

Ohne Beschränkung der Allgemeinheit ist es also zulässig, nur Gleichungen der Form (3) zu untersuchen.

Betrachten wir nun einige wichtige Boolesche Ableitungsoperationen und ihre Eigenschaften (zur Herleitung dieser Operationen aus Differentialformen siehe etwa [6]).

Es sei $f(x_1, \ldots, x_i, \ldots, x_n)$ eine binäre Funktion von n Variablen; dann heißt

$$\frac{\partial f}{\partial x_i} = f(x_1, \ldots, x_i, \ldots, x_n) \not\sim f(x_1, \ldots, \bar{x}_i, \ldots, x_n) = f(x_1, \ldots, 0, \ldots, x_n) \not\sim f(x_1, \ldots, 1, \ldots, x_n) \tag{7}$$

die *einfache partielle Ableitung* von f nach x_i;

$$\min_{x_i} f = f(x_1, \ldots, x_i, \ldots, x_n)\, f(x_1, \ldots, \bar{x}_i, \ldots, x_n) = f(x_1, \ldots, 0, \ldots, x_n)\, f(x_1, \ldots, 1, \ldots, x_n) \tag{8}$$

das *einfache partielle Minimum* von f bez. x_i;

$$\max_{x_i} f = f(x_1, \ldots, x_i, \ldots, x_n) \vee f(x_1, \ldots, \bar{x}_i, \ldots, x_n) = f(x_1, \ldots, 0, \ldots, x_n) \wedge f(x_1, \ldots, 1, \ldots, x_n) \quad (9)$$

das *einfache partielle Maximum* von f bez. x_i.

Die k-fache Hintereinanderausführung dieser Operationen definiert man wie folgt:

$$\frac{\partial^k f}{\partial \underline{x}_0} = \frac{\partial}{\partial x_{i1}}\left(\frac{\partial}{\partial x_{i2}}\left(\cdots\left(\frac{\partial f}{\partial x_{ik}}\right)\cdots\right)\right), \quad (10)$$

(k-fache partielle Ableitung)

$$\min_{\underline{x}_0}{}^k f = \min_{x_{i1}} (\min_{x_{i2}} (\ldots (\min_{x_{ik}} f) \ldots)), \quad (11)$$

(k-faches partielles Minimum)

$$\max_{\underline{x}_0}{}^k f = \max_{x_{i1}} (\max_{x_{i2}} (\ldots (\max_{x_{ik}} f) \ldots)), \quad (12)$$

(k-faches partielles Maximum),

wobei $\underline{x}_0 = (x_{i1}, x_{i2}, \ldots, x_{ik})$ ist.

Nachdem man gezeigt hat, daß die Reihenfolge der Variablen keine Rolle spielt, erhält man durch induktive Verallgemeinerung von (7)—(9) die (für praktische Berechnungen wichtigen und günstigen) Beziehungen:

$$\frac{\partial^k f}{\partial \underline{x}_0} = \sum_{\underline{c} \in B^k} f(\underline{c}, \underline{x}_1) \quad (13)$$

$$\min_{\underline{x}_0}{}^k f = \bigwedge_{\underline{c} \in B^k} f(\underline{c}, \underline{x}_1) \quad (14)$$

$$\max_{\underline{x}_0}{}^k f = \bigvee_{\underline{c} \in B^k} f(\underline{c}, \underline{x}_1). \quad (15)$$

Dabei enthält der Vektor $\underline{x}_0$ die Variablen, nach denen die Operationen auszuführen sind, $\underline{x}_1$ alle übrigen Variablen, von denen die Funktion noch abhängen kann. Es ist klar, daß $\underline{x}_0$ und $\underline{x}_1$ keine gemeinsamen Elemente besitzen.

2. *Die Auflösbarkeit der homogenen Gleichung*

Gegeben sei eine Gleichung $f(x_1, \ldots, x_n, y_1, \ldots, y_m) = 0$; dann läßt sich das Problem der Auflösbarkeit in folgender Weise formulieren:

Definition 1. Die Gleichung $f(\underline{x}, \underline{y}) = 0$ ist *nach den Variablen* (*Funktionen*) $y_1, \ldots y_m$ *auflösbar* genau dann, wenn es einen Vektor

$$\underline{y}(\underline{x}) = (y_1(\underline{x}), y_2(\underline{x}), \ldots, y_m(\underline{x}))$$

binärer Funktionen gibt mit

$$f(x_1, \ldots, x_n, y_1(\underline{x}), \ldots, y_m(\underline{x})) = 0.$$

Sind die Funktionen $y_1(\underline{x}), \ldots, y_m(\underline{x})$ eindeutig bestimmt, so heißt $f(\underline{x}, \underline{y}) = 0$ *eindeutig* (nach den Variablen $y_1, \ldots y_m$) *auflösbar*.

Man bezeichnet die Variablen $y_1, \ldots, y_m$ gelegentlich auch als *abhängige* Variable, weil die Werte dieser Variablen, die die Gleichung erfüllen, im Falle der Existenz der Funktionen $y_1(\underline{x}), \ldots, y_m(\underline{x})$ aus den *unabhängigen* Variablen $x_1, \ldots, x_n$ berechnet werden können.

Die Variablen $x_1, \ldots, x_n, y_1, \ldots, y_m$ sind natürlich zunächst völlig gleichberechtigt. Das allgemeine Problem besteht gerade darin, für eine Funktion $f(x_1, \ldots, x_n)$ solche Variable $x_i, x_j, x_k, \ldots$ zu finden, nach denen aufgelöst werden kann. Die unterschiedliche Bezeichnung wird nur verwendet, um die Variablen, nach denen aufgelöst wird, zu kennzeichnen.

Als erstes soll anhand einiger Beispiele gezeigt werden, welche Fälle möglich sind und welche Beziehungen die Auflösungsfunktionen zu den Nullstellen einer binären Funktion haben.

Ein Binärvektor $\underline{c} = (c_1, c_2, \ldots, c_n)$, $c_i \in \{0, 1\}$, $i = 1, \ldots, n$ ist eine *Nullstelle* der Gleichung $f(x_1, \ldots, x_n) = 0$, falls $f(c_1, \ldots, c_n) = 0$ gilt. Die Problemstellung der Auflösung einer Gleichung ist also sehr wohl von der Bestimmung der Nullstellen (der Lösung der Gleichung) zu unterscheiden, obgleich es natürlich zwischen ihnen enge Verbindungen gibt.

Beispiel 1.

Es sei $f = \bar{x}_1 y_1 \vee x_1 \bar{y}_1 \vee x_2 y_1 \bar{y}_2 = 0$; dann existieren folgende acht Auflösungsmöglichkeiten:

1. $y_1 = x_1,\ y_2 = x_1 x_2$
2. $y_1 = x_1,\ y_2 = x_1$
3. $y_1 = x_1,\ y_2 = x_2$
4. $y_1 = x_1,\ y_2 = x_1 \vee x_2$
5. $y_1 = x_1,\ y_2 = x_1 \nsim \bar{x}_2$
6. $y_1 = x_1,\ y_2 = x_1 \vee \bar{x}_2$
7. $y_1 = \bar{x}_1,\ y_2 = x_1 \vee x_2$
8. $y_1 = x_1,\ y_2 = 1.$

y_1	y_2	f				
0	0	0	0	1	1	
0	1	0	0	1	1	
1	1	1	1	0	0	
1	0	1	1	1	0	
		0	1	1	0	x_2
		0	0	1	1	x_1

Das folgende Schema zeigt den Zusammenhang zwischen Nullstellen und Auflösungsfunktionen:

		1.		2.		3.		4.		5.		6.		7.		8.	
x_1	x_2	y_1	y_2	y_1	y_2	y_1	y_2	y_1	y_2	y_1	y_2	y_1	y_2	y_1	y_2	y_1	y_2
0	0	0	0	0	0	0	0	0	0	0	1	0	1	0	1	0	1
0	1	0	0	0	0	0	1	0	1	0	0	0	0	0	1	0	1
1	1	1	1	1	1	1	1	1	1	1	1	1	1	1	1	1	1
1	0	1	0	1	1	1	0	1	1	1	0	1	1	1	0	1	1

In den acht Spalten sind genau die obigen acht Funktionenpaare in Abhängigkeit von den Werten für x_1 und x_2 dargestellt. Die *horizontale* Zusammenfassung der Werte (x_1, x_2, y_1, y_2) liefert in jeder Zeile eine Nullstelle, in der 1. Spalte beispsielsweise (0000), (0100), 1111), (1010).

Die Lösungsfunktionen $y_1(\underline{x})$, $y_2(\underline{x})$ entstehen durch *vertikale* Zusammenfassung der Werte. Alle möglichen Auflösungsfunktionen $y_1(\underline{x})$, $y_2(\underline{x})$ erhält man, indem man in jeder (x_1, x_2)-Spalte (siehe den Karnaugh-Plan für f) eine Nullstelle auswählt und alle möglichen solchen Auswahlen miteinander kombiniert. Da in der 1., 2. und 4. Spalte des Karnaugh-Planes je zwei Nullstellen vorhanden sind, die unabhängig miteinander kombiniert werden können, entstehen die oben angegebenen acht Funktionenpaare. Dabei kann es aber sein, daß dennoch eine Funktion (oder auch mehrere) eindeutig bestimmt ist (hier $y_1(\underline{x})$).

Beispiel 2.

Es sei $f = x_1\bar{y}_2 \wedge \bar{x}_1 y_2 \wedge x_1 x_2 \wedge \bar{y}_1 y_2 \wedge x_2\bar{y}_1 \wedge \bar{x}_1\bar{x}_2 y_1 = 0$. Diese Gleichung ist im Sinne von Definition 1 überhaupt nicht nach (y_1, y_2) auflösbar, denn für $x_1 = 1$, $x_2 = 1$ ist bei beliebigen Belegungen von (y_1, y_2) stets $f = 1$.

y_1	y_2	f			
0	0	0	1	1	1
0	1	1	1	1	1
1	1	1	1	1	0
1	0	1	0	1	1
	x_2	0	1	1	0
	x_1	0	0	1	1

x_1	x_2	y_1	y_2
0	0	0	0
0	1	1	0
1	0	1	1
1	1	–	–

Im Karnaugh-Plan ist demzufolge in der Spalte $x_1 = 1$, $x_2 = 1$ keine Nullstelle vorhanden. Läßt man diese Belegung unberücksichtigt, so erhält man die Funktionen

$$y_1(\underline{x}) = x_1 \nsim x_2, \quad y_2(\underline{x}) = x_1\bar{x}_2.$$

Man sagt dann in solch einem Falle, daß die Gleichung $f(\underline{x}) = 0$ auflösbar ist *unter einer Nebenbedingung*.

Hier im Beispiel muß die Nebenbedingung $x_1 x_2 = 0$ erfüllt sein. Es ist unmittelbar klar, daß sich diese Auflösbarkeit unter Nebenbedingungen immer erreichen läßt, außer wenn $f \equiv 1$ ist.

Beispiel 3.

Es sei $f = x_1\bar{x}_2 \vee x_1 x_3 \vee \bar{x}_2\bar{x}_3 \vee \bar{x}_2\bar{x}_4 = 0$.

Diese Gleichung ist im Sinne von Definition 1 weder nach $x_1(x_2, x_3, x_4)$ noch nach $x_2(x_1, x_3, x_4)$ auflösbar; jedoch existiert eine simultane Auflösung $(x_1(x_3, x_4), x_2(x_3, x_4))$, wie man etwa für $x_1 = \bar{x}_3\bar{x}_4$, $x_2 = \bar{x}_3 \vee \bar{x}_4$ nachprüft.

Im folgenden sollen nun die entsprechenden Auflösbarkeits- und Eindeutigkeitskriterien angegeben werden, die es gestatten, für jede binäre Funktion zu entscheiden, nach welchen Variablen (-vektoren) aufgelöst werden kann und welche Auflösungsfunktionen eindeutig bestimmt sind. Darüber hinaus gelingt es, die algebraische Struktur der Mengen von Auflösungsfunktionen zu bestimmen und diese Auflösungsfunktionen unmittelbar analytisch anzugeben.

Satz 2. (*Auflösbarkeitskriterium*).

Die Gleichung $f(\underline{x},\underline{y}) = 0$, $\underline{x} = (x_1, \ldots, x_n)$, $\underline{y} = (y_1, \ldots, y_m)$, läßt sich nach $y_1, \ldots, y_m$ auflösen genau dann, wenn gilt:

$$\min_{\underline{y}}^m f(\underline{x},\underline{y}) \equiv 0. \tag{16}$$

Ist $\min_{\underline{y}}^m f(x,y) \not\equiv 0$, dann liefert die Gleichung

$$\min_{\underline{y}}^m f(\underline{x},\underline{y}) = 0 \tag{17}$$

die Nebenbedingung, unter der die Auflösung zu erreichen ist. Anschaulich interpretiert, beschreibt die Erfüllung des Kriteriums (16) den Sachverhalt, daß in jedem Unterraum $\underline{x} = \underline{x}^*$ wenigstens eine Nullstelle von f liegt, die zur Konstruktion der Auflösungsfunktionen benutzt werden kann. Umgekehrt erfüllt jeder Unterraum $\underline{x} = \underline{x}^*$, in dem nur der Funktionswert 1 auftritt, die Bedingung

$$\min_{y}^m f(\underline{x},\underline{y}) = 1. \tag{18}$$

Auf die damit verbundenen Möglichkeiten zur Bestimmung von Primimplikanten einer binären Funktion soll hier nicht näher eingegangen werden.

Aus diesem Kriterium ergibt sich unmittelbar

Folgerung 1.

Für die Auflösbarkeit von $f(\underline{x},\underline{y}) = 0$ nach den Variablen $y_1, \ldots, y_m$ ist notwendig, daß f (als Funktion von $n + m$ Variablen) wenigstens 2^n Nullstellen besitzt. Eine Funktion mit r Nullstellen kann höchstens nach [ldr] Variablen aufgelöst werden.

Von großer Bedeutung für einen Gesamtüberblick über alle Auflösungsmöglichkeiten einer Funktion $f(\underline{x},\underline{y})$ ist der folgende

Satz 3.

Ist $f(\underline{x},\underline{y}) = 0$ nach einer Variablen y_{i0} auflösbar und ist $A = \{y_{i1}, \ldots, y_{i0}, \ldots, y_{ik}\}$ eine Menge von Variablen, die y_{i0} enthält, so ist $f(\underline{x},\underline{y}) = 0$ nach den Variablen der Menge A auflösbar.

Ist $f(\underline{x},\underline{y}) = 0$ nach den Variablen einer Menge A auflösbar und ist $B \supsetneq A$, so ist $f(\underline{x},\underline{y}) = 0$ nach allen Variablen der Menge B auflösbar.

Dieser Satz folgt aus der Eigenschaft des k-fachen Minimums, daß mit der Gültigkeit von (16) für ein gewisses k auch für alle $l > k$ (16) erfüllt bleibt, wenn alle bereits verwendeten Variablen bei der Bildung der höheren Minima wieder mit benutzt werden.

Daß dieser Satz nicht in umgekehrter Richtung gilt, zeigt Beispiel 3.

Eine anschaulich-knappe Formulierung für Satz 3 und die Möglichkeit zu weiteren Folgerungen erhält man durch die folgenden Überlebungen.

Es sei $Y = \{y_{i1}, y_{i2}, \ldots, y_{ik}\}$ eine Menge von Variablen, $P(Y)$ bezeichne die Potenzmenge von Y. Über $P(Y)$ definiert man für eine gegebene Gleichung $f(\underline{x}, \underline{y}) = 0$ eine Funktion α_f in folgender Weise:

$$\alpha_f(A) = \begin{cases} 1, \text{ falls } f(\underline{x},\underline{y}) = 0 \text{ nach den Variablen von } A \text{ auflösbar ist} \\ 0 \text{ sonst.} \end{cases}$$

Damit gilt sofort:

3.1. $(\alpha_f(A) = 1 \text{ und } A \subseteq B) \Rightarrow \alpha_f(B) = 1.$

3.2. Für jedes $B \in P(Y)$ und $\alpha_f(A) = 1$ ist auch $\alpha_f(A \cup B) = 1.$

3.3. Die Menge $F \subseteq P(Y)$ mit

$$\forall A (A \in F \Leftrightarrow \alpha_f(A) = 1)$$

ist ein Filter.

Die Gültigkeit von (16) sichert also die Existenz „genügend vieler“ und „gleichmäßig verteilter“ Nullstellen zur Erreichung der simultanen Auflösbarkeit.

Wenden wir uns nun der algebraischen Struktur der Auflösungen zu. Bereits im Beispiel 1 war zu sehen, daß für die Funktion $y_i(\underline{x})$, die für eine Variable y_i einzusetzen ist, im allgemeinen mehrere Funktionen in Frage kommen (z.B acht für $y_2(\underline{x})$). Die Struktur dieser Funktionenmenge beschreibt

Satz 4. (*Hauptsatz*)

Ist die Gleichung $f(\underline{x},\underline{y}) = 0$ nach $y_1, \ldots, y_m$ auflösbar, so bildet die Menge V_i der Funktionen $y_{i1}(\underline{x}), \ldots, y_{il}(\underline{x})$, die für die Variable y_i möglich sind, $i = 1, \ldots, m$, einen Booleschen Verband V_i mit der unteren Grenze

$$\inf V_i = \min_{\underline{y}_0}{}^{m-1} f(\underline{x},\underline{y}) \Big|_{y_i=0} \tag{19}$$

und der oberen Grenze

$$\sup V_i = \min_{\underline{y}_0}{}^{m-1} f(\underline{x},\underline{y}) \Big|_{y_i=1} \tag{20}$$

wobei $\underline{y}_0 = (y_1, \ldots, y_{i-1}, y_{i+1}, \ldots, y_m)$ ist.

Dabei gibt es zu jeder Funktion $y_i^0(\underline{x})$ mit $\inf V_i \leq y_i^0(\underline{x}) \leq \sup V_i$ wenigstens einen Auflösungsvektor $\underline{y}^0(\underline{x})$, in dem $y_i^0(\underline{x})$ auch tatsächlich vorkommt:

$$\underline{y}^0(\underline{x}) = (y_1^0(\underline{x}), \ldots, y_i^0(\underline{x}), \ldots, y_m{}^0(\underline{x})).$$

Als Verbandsoperationen bleiben dabei die für binäre Funktionen übliche Konjunktion und Disjunktion erhalten, zur Definition der Komplementbildung vergleiche man etwa [7], S. 81ff.

In Beispiel 2 besteht der Verband für $y_1(\underline{x})$ nur aus einer einzigen Funktion, für $y_2(\underline{x})$ enthält er acht Elemente; $y_2 = x_1x_2$ ist die untere Grenze, $y_2 = 1$ die obere Grenze des Verbandes.

Damit erhält man also im Falle der Auflösbarkeit für jede Variable y_i einen gewissen Funktionenverband, und jede Funktion aus jedem der m Verbände V_i kommt in wenigstens einem Auflösungsvektor vor. Natürlich ist aber nicht *jede* beliebige Kombination der Funktionen aus den einzelnen Verbänden auch ein Auflösungsvektor.

Beispiel 4.

Es sei $f = y_1y_2 \vee x_1y_1\bar{y}_2 \vee x_1\bar{x}_2\bar{y}_2 \vee y_1\bar{y}_2\bar{x}_2 \vee x_1x_2\bar{y}_1y_2 \vee \bar{x}_1x_2\bar{y}_1\bar{y}_2$;

dann ist

$$\inf V_1 = \min_{y_2} f \Big|_{y_1=0} = 0,$$

$$\sup Y_1 = \min_{y_2} f \Big|_{y_1=1} = \bar{x}_1x_2,$$

$$\inf V_2 = \min_{y_1} f \Big|_{y_2=0} = x_1\bar{x}_2,$$

$$\sup V_2 = \min_{y_1} f \Big|_{y_2=1} = \bar{x}_1 \vee \bar{x}_2$$

Also gilt $V_1 = \{f_1,f_2\}$, $V_2 = \{g_1,g_2,g_3,g_4\}$ mit $f_1 = 0$, $f_2 = \bar{x}_1x_2$; $g_1 = x_1\bar{x}_2$, $g_2 = \bar{x}_2$, $g_3 = x_1 \not\sim x_2$, $g_4 = \bar{x}_1 \vee \bar{x}_2$.

Es treten aber nur die Kombinationen (f_1,g_3), (f_1,g_4), (f_2,g_1), (f_2,g_2) auf.

Auswahlkriterien für die möglichen Kombinationen lassen sich ebenfalls formulieren, sollen aber hier nicht dargestellt werden (vgl. etwa [8]).

Aus Satz 4 läßt sich sofort ein Kriterium gewinnen für die Eindeutigkeit der Auflösung; diese ist nämlich immer dann gegeben, wenn untere und obere Grenze der entsprechenden Verbände zusammenfallen. Also gilt

Satz 5 (Eindeutigkeitskriterium).

Es sei $f(\underline{x},\underline{y}) = 0$ nach $y_1, \ldots, y_m$ auflösbar, die Funktion $y_i(\underline{x})$ ist eindeutig bestimmt genau dann, wenn

$$\frac{\partial}{\partial y_i}\left[\min_{\underline{y}_0}{}^{m-1} f(\underline{x},\underline{y})\right] = 1 \tag{21}$$

gilt, wobei

$$\underline{y}_0 = (y_1, \ldots, y_{i-1}, y_{i+1}, \ldots, y_m)$$

ist.

Der Zusammenhang zwischen den Auflösungsfunktionen und den Nullstellen soll abschließend zur Formulierung von Satz 6 verwendet werden.

Satz 6.

Ist die Gleichung $f(\underline{x},\underline{y}) = 0$ nach $y_1, \ldots, y_m$ auflösbar und gilt $g(\underline{x},\underline{y}) \leq f(\underline{x},\underline{y})$, so ist auch $g(\underline{x},\underline{y}) = 0$ nach $y_1, \ldots, y_m$ auflösbar. Sind V_i^f und V_i^g die Auflösungsverbände von f bzw. g für die Variable y_i, so gilt $V_i^f \subseteq V_i^g$.

Die Glütigkeit des Satzes folgt daraus, daß eine Funktion g mit $g \leq f$ mindestens die Nullstellen von f besitzt.

Also bildet die Menge der Funktionen $F = \{f_i(\underline{x},\underline{y})\}$, für die $f_i(\underline{x},\underline{y})$ nach $y_1, \ldots, y_m$ auflösbar ist, ein Ideal; die Auflösungsverbände für jede Variable y_k besitzen wiederum Filtereigenschaften.

Damit ist es zunächst prinzipiell möglich, das Problem der Bestimmung der Auflösungsmöglichkeiten und deren Eindeutigkeit sowie auftretende Nebenbedingungen in vollem Umfang analytisch zu behandeln.

Abschließend soll ein interessantes Verfahren dargestellt werden, das es ermöglicht, die Nullstellen (die Lösungen) einer Gleichung $f(\underline{x}) = 0$ durch eine *nichtredundante Parameterdarstellung* zu beschreiben.

Es sei eine Gleichung $f(\underline{x}) = 0$ gegeben, die nach einer Variablen x_i auflösbar ist. Aus der Funktion $f(\underline{x})$ wird durch die Festsetzung

$$f^*(\underline{x},t = 0) = f^*(\underline{x}, t = 1) = f(\underline{x})$$

eine neue Funktion $f^*(\underline{x},t)$ mit dem (redundanten) Parameter t gemacht:

$$f^*(\underline{x},t) = \bar{t}\, f(\underline{x}) \vee t\, f(\underline{x}).$$

Die Gleichung $f^*(x,t) = 0$ ist ebenfalls nach x_i und damit auf Grund von Satz 3 nach allen Variablen $x_1(t), \ldots, x_n(t)$ auflösbar. Für die Funktionen $x_1(t), \ldots, x_n(t)$ entstehen Funktionenverbände, deren untere und obere Grenze aus $f^*(\underline{x},t)$ mit Hilfe von (19) und (20) bestimmbar sind.

Läßt man t die möglichen Werte $t = 0$ und $t = 1$ annehmen, so entstehen Binärvektoren, die Lösung der Gleichung $f(\underline{x}) = 0$ sein müssen.

Die unteren Grenzen der Verbände $V_i(t)$ sind natürlich im allgemeinen gleich Null, die oberen gleich Eins, und zwar immer dann, wenn es sowohl Nullstellen mit $x_i = 0$ als auch solche mit $x_i = 1$ gibt.

Gilt aber für eine Variable x_i inf $V_i = 1$, so folgt daraus auch sup $V_i = 1$, und man kann schlußfolgern, daß nur Nullstellen mit $x_i = 1$ existieren und diese Tatsache bei der Bestimmung der Nullstellen entsprechend berücksichtigen. Analog folgt aus sup $V_i = 0$ auch inf $V_i = 0$, und alle möglichen Nullstellen müssen für die Variable x_i den Wert 0 annehmen.

Das Einführen des Parameters t läuft im Prinzip darauf hinaus, daß man alle Nullstellen von $f(\underline{x})$ zweimal zur Verfügung stellt und für $t = 0$ und $t = 1$ jeweils eine zur Bestimmung der Funktionen $x_1(t), \ldots, x_n(t)$ auswählt. Damit erhält man die prinzipielle Möglichkeit, eine irredundante Parameterdarstellung der Nullstellen zu finden.

Es sei l die Anzahl der Nullstellen von $f(x_1, \ldots, x_n) = 0$ (also $l \leq 2^n$). Dann führt man k Parameter $t_1, \ldots, t_k$ ein mit $2^k \geq l$. Jeder möglichen Belegung der $t_1, \ldots, t_k$ ordne man sukzessive eine Nullstelle zu, so lange, bis alle Nullstellen genau einmal verwendet wurden. Den restlichen möglichen Parameterbelegungen ordne man beliebige Nullstellen zu.

Bestimmt man hieraus Funktionen $x_1(t_1, \ldots, t_k), \ldots, x_n(t_1, \ldots, t_k)$, so hat man damit eine irredundante Parameterdarstellung der Nullstellen in folgendem Sinne gefunden:

1. Jede Darstellung mit weniger als k Parametern liefert nicht alle Nullstellen.
2. k ist die kleinste Anzahl von Parametern, die alle Nullstellen ergibt.

Die Frage der Zuordnung der Nullstellen zu den Parametern, so daß gewisse Eigenschaften für die Funktionen $x_i(t_1, \ldots, t_k)$ $i = 1, \ldots, n$ erfüllt sind (z.B. Linearität, Monotonie usw.), ist ein sehr schwieriges kombinatorisches Problem und gehört bereits in den Bereich der Kodierungstheorie.

Die Nullstellen der Funktion f aus Beispiel 1 lassen sich beispielsweise durch die folgende irredundante (einfache) Parameterdarstellung beschreiben:

$$x_1 = t_1,\ x_2 = t_2,\ y_1 = t_1,\ y_2 = t_1 t_2 \vee t_3.$$

3. *Sequentielle* BOOLE*sche Gleichungen*

Binärvektoren $\underline{x} = (x_1 \ldots x_k)$ können von einem ganzzahligen Parameter t (z.B. der Zeit) abhängen, sie bilden dann zeitliche binäre Folgen (Sequenzen), deren Untersuchung im Rahmen der Automatentheorie viele Arbeiten gewidmet wurden. Wir wollen hier nur eine spezielle Betrachtungsweise verfolgen, die zunächst nicht mit dem Automatenbegriff verknüpft ist, dann aber Anwendungen auch in dieser Richtung bietet.

Es sei $\underline{x}$ ein Binärvektor endlicher Länge, $\underline{x}_1$, $\underline{x}_2$ ... seien (nicht unbedingt disjunkte) Teilvektoren von $\underline{x}$. Dazu sei eine Menge von Vorschriften $f_\nu(\underline{x}_i)$ gegeben, mit denen in einem Zeittakt dem Teilvektor $\underline{x}_j$ ein neuer Wert zugewiesen werden kann:

$$\underline{x}_j(t + 1) = f_\nu(\underline{x}_i(t)). \tag{22}$$

Wir benutzen im weiteren die Abkürzung

$$\underline{x}_j(t + 1) = {}^1\underline{x}_j.$$

Je nach der angewandten Vorschrift entsteht aus dem Gesamtvektor $\underline{x}$ ein in bestimmten Stellen veränderter neuer Vektor ${}^1\underline{x}$. Auch für diesen Übergang wollen wir schreiben

$${}^1\underline{x} = f_\nu(\underline{x}). \tag{23}$$

Wird nur eine einzige Vorschrift immer wieder angewandt, so bilden die aufeinanderfolgenden Werte von $\underline{x}(t)$ eine Binärfolge, die als Polygonzug in B^k interpretiert werden kann. Werden verschiedene Vorschriften nacheinander angewandt, so wird $\underline{x}(t)$ durch die Folge der f_ν gesteuert, das Verhalten entspricht dem eines Semi-Automaten mit dem Zustandsalphabet B^k und den

Eingangssignalen f_ν. Solange keine Widersprüche an den zu verändernden Stellen auftreten, kann auch das gleichzeitige Anwenden mehrerer Vorschriften zugelassen werden, wodurch eine gewisse, nicht sehr wesentliche Abweichung vom Automatenmodell entsteht.

Wenn wir uns im eingeführten Modell die Frage vorlegen, ob es möglich ist, durch geeignet angewandte Vorschriften einen gegebenen Zustand in einen anderen gegebenen zu überführen, so muß wenigstens im Anfangszustand die Möglichkeit offen gelassen werden, welche Vorschrift anzuwenden ist. Wir haben damit eine nichtdeterministische Übergangsvorschrift vorliegen, die sowohl als gerichteter Graph, als Markoff-Prozeß (mit evtl. zusätzlich gegebenen Übergangswahrscheinlichkeiten) und auch mit dem im folgenden zu schildernden Modell untersucht werden kann. Wir bilden einen Binärvektor $\underline{x}^*$ der Länge $2k$ aus $\underline{x}$ und ${}^1\underline{x}$:

$$\underline{x}^* = (\underline{x}, {}^1\underline{x}). \tag{24}$$

Eine Funktion $T(\underline{x}^*)$ soll nun so konstruiert werden, daß gilt

$$T(\underline{x}^*) = \begin{cases} 0 \Leftrightarrow \exists f_\nu({}^1\underline{x} = f_\nu(\underline{x})) \\ 1 \text{ sonst}. \end{cases} \tag{25}$$

(Für den Fall gleichzeitiger Anwendung mehrerer Vorschriften ist es stets möglich, die Menge der f_ν entsprechend zu ergänzen.)

Alle möglichen Übergänge werden durch die Lösungen der sequentiellen Booleschen Gleichung

$$T(\underline{x}^*) = 0 \tag{26}$$

repräsentiert, damit ist das gesamte „prinzipiell mögliche" Übergangsverhalten in der Gleichung (26) enthalten. Es fehlt jedoch in der Gleichung die Information, welche Vorschrift im einzelnen anzuwenden ist, um den gewünschten Übergang zu erzielen. Im einfachsten Fall gibt es für jedes $\underline{x}$ genau ein ${}^1\underline{x}$ als Nachfolgezustand, dann ist (26) in der Form

$$\begin{aligned} {}^1x_1 &= g_1(\underline{x}) \\ &\vdots \\ {}^1x_k &= g_k(\underline{x}) \end{aligned}$$

eindeutig auflösbar (autonomer Automat). Die dafür zutreffenden Kriterien, denen die Funktionen $T(\underline{x}^*)$ genügen muß, sind weiter oben formuliert. Auf Grund der angegebenen Konstruktion kann es kein $\underline{x}$ geben, für das kein ${}^1\underline{x}$ existiert, d.h. die Gleichung (26) ist stets nach ${}^1\underline{x}$ auflösbar und genügt damit der Bedingung

$$\min_{{}^1\underline{x}}{}^k\, T(\underline{x}, {}^1\underline{x}) = 0. \tag{27}$$

Einige für Automaten aus diesen Überlegungen folgende Aussagen sind in einer anderen Arbeit [9] zusammengestellt worden.

Die Funktion $T(\underline{x}^*)$ kann auf verschiedene Weise gewonnen werden. Beispielsweise sei durch eine BOOLEsche Gleichung

$$\varphi(\underline{x}) = 0 \tag{28}$$

festgelegt, daß nur Lösungen dieser Gleichung zulässige Systemzustände sind, also als Teilvektoren $\underline{x}$ oder ${}^1\underline{x}$ von $\underline{x}^*$ auftreten dürfen. Die dadurch festgelegte Funktion $T(\underline{x}^*)$ ergibt sich zu

$$T(\underline{x}, {}^1\underline{x}) = \varphi(\underline{x}) \vee \varphi({}^1\underline{x}). \tag{29}$$

Mit der zu (9) analogen Abkürzung

$$\max_t \varphi(\underline{x}) = \varphi(\underline{x}) \vee \varphi({}^1\underline{x}) \tag{30}$$

erhalten wir die sequentielle Gleichung

$$T(\underline{x}, {}^1\underline{x}) = \max_t \varphi(\underline{x}) = 0. \tag{31}$$

Eine solche sequentielle Gleichung genügt praktisch immer (außer in dem Grenzfall, daß $\varphi(\underline{x})$ identisch gleich 1 ist und damit alle Zustände verbietet) dem Kriterium (27), denn es gilt

$$\min_{{}^1\underline{x}}{}^k \max_t \varphi(\underline{x}) = \varphi(\underline{x}) \vee \min_{{}^1\underline{x}}{}^k \varphi({}^1\underline{x}).$$

Wegen (28) ist nur noch

$$\min_{{}^1\underline{x}}{}^k \varphi({}^1\underline{x}) = 0$$

zu erfüllen, was jedoch gewährleistet ist, sobald (29) auch nur eine einzige lösende Belegung besitzt. Der Zusammenhang zwischen statischen Nebenbedingungen vom Typ (28) und daraus resultierenden Beschränkungen des Übergangsverhaltens (dynamischen Nebenbedingungen) ist in [10] gründlicher untersucht worden. Auch dynamische Nebenbedingungen können selbständig formuliert werden, wozu jedoch die hier nicht benutzten BOOLEschen Differentiale [11] bzw. zeitliche Ableitungen [7] günstiger sind.

4. *Funktionsoptimierung in Mengen* BOOLE*scher Funktionen*

Optimierungsprobleme für Schaltnetzwerke lassen sich entsprechend den beiden wichtigsten Arbeitsstufen in zwei große Gruppen einteilen, die allerdings in vielen praktischen Entwurfsverfahren nicht immer scharf abgegrenzt sind. In der Phase der Festlegung des Verhaltens (abstrakte Synthese) gibt es meist die Möglichkeit, durch mehrere verschiedene Gesamtverhaltensweisen das gegebene Einzelproblem zu lösen, weil eine Reihe von Nebenbedingungen vorliegt. Die Auswahl eines in irgendeiner Weise optimalen Verhaltens bezeichnen wir als Funktionsoptimierung [12]. Es handelt sich dabei um eine Optimierung über der Menge aller zulässigen Verhaltensweisen nach einem BOOLEschen

Funktional. Liegt das Verhalten fest, so wird ihm mit Hilfe der Schaltalgebra eine Schaltung zugeordnet; die dabei zu lösende Aufgabe besteht in der Zuordnung einer in einem bestimmten Sinn (Aufwand, Zuverlässigkeit etc.) optimalen Schaltung zur festliegenden Funktion. Wir bezeichnen diesen Schritt als Strukturoptimierung.

Solange ein strukturelles Kriterium wie z. B. der Aufwand absolute Priorität hat, können beide Schritte relativ gut zu einem vereinigt werden. Ein Beispiel dazu sind alle Verfahren zur aufwandsminimalen Realisierung partiell definierter Funktionen. Kompliziertere Kriterien oder Kompromißstrategien verlangen jedoch eine Trennung der Schritte.

Als Grundlage für einige Aussagen wählen wir die Funktionsoptimierung in dem Fall, daß die Menge der Lösungsfunktionen durch einen einfachen analytischen Ausdruck angegeben werden kann und das Optimierungskriterium das Vorhandensein oder Nichtvorhandensein einer gewissen, für die folgende Strukturoptimierung wesentlichen Eigenschaft ist. Als Beispiel betrachten wir eine binäre Funktion von 10 Variablen, die in 100 ihrer 1024 Funktionswerte durch statische Nebenbedingungen (don't-care-Bedingungen) nicht festgelegt ist. Es gibt dann $2^{100} \approx 10^{30}$ Funktionen, die Lösungen sind und aus denen beispielsweise alle linearen Funktionen bestimmt werden sollen. Ein Durchmustern aller Fälle ist zwar prinzipiell möglich, aber selbst unter Einsatz von Großrechnern nicht diskutabel, weil der durch das Optimieren erzielte strukturelle Gewinn in keinem Verhältnis zum Rechenaufwand steht.

Wir wollen der Lösung des Problems dadurch näher kommen, daß wir Existenzsätze formulieren, die es erlauben, das Vorhandensein oder Nichtvorhandensein wenigstens einer Funktion mit der gewünschten Eigenschaft in der gegebenen Menge zu überprüfen. Wir werden eine allgemeine Methodik darstellen, die das Bestimmen derartiger Existenzsätze erlaubt. Parameter der Methodik sind die Struktur und Beschreibungsweise der vorgelegten Lösungsmenge und der Optimierungskriterien, beides wollen wir exemplarisch behandeln.

Ein praktisch sehr wichtiger Fall einer Menge Boolescher Funktionen sind konvexe Boolesche Verbände [7]. Eine solche Menge F besteht aus genau allen Funktionen $f_i(x)$, die der Bedingung

$$q(\underline{x}) \leq f_i(\underline{x}) \leq p(\underline{x}) \tag{32}$$

genügen. Sie lassen sich analytisch durch

$$f_i(\underline{x}) = q(\underline{x}) \vee c_i(\underline{x})\, p(\underline{x}) \tag{33}$$

beschreiben, wobei $c_i(\underline{x})$ eine beliebige Boolesche Funktion ist und für jedes $f_i(\underline{x})$ wenigstens ein $c_i(\underline{x})$ mit

$$0 \leq c_i(\underline{x}) \leq 1 \tag{34}$$

existiert, so daß (33) erfüllt ist. Es sei darauf hingewiesen, daß zwar jeder endliche Boolesche Verband Boolescher Funktionen isomorph zu einem konvexen BOOLEschen Verband ist, aber nicht ein solcher Verband sein muß. Die Konvexitätseigenschaft resultiert aus folgendem Satz:

Es sei $c_0(\underline{x})$ eine beliebige, fest angenommene Funktion. Dann ist

$$f_0(\underline{x}) = q(\underline{x}) \vee c_0(\underline{x})\, p(\underline{x})$$

eine Funktion aus F. Gleichzeitig ist aber auch jede Funktion $f_j(\underline{x})$ nach

$$f_j(\underline{x}) = q(\underline{x}) \vee [c_0(\underline{x}) \nsim c_j(\underline{x})]\, p(\underline{x}) \tag{35}$$

mit

$$0 \leq c_j(\underline{x}) \leq 1$$

eine Funktion aus F, d.h. der Nullpunkt der Halbordnung der Parameterfunktionen $c(\underline{x})$ kann beliebig gewählt werden.

Praktischerweise führt man gern eine Hilfsfunktion $\varphi(\underline{x})$ nach

$$\varphi(\underline{x}) = q(\underline{x}) \nsim p(\underline{x}) \tag{36}$$

ein, weil die statischen Nebenbedingungen durch die Gleichung

$$\varphi(\underline{x}) = 0 \tag{37}$$

beschrieben werden. Statt (33) kann dann auch

$$f_i(\underline{x}) = q(\underline{x}) \nsim c_i(\underline{x})\, \varphi(\underline{x}) \tag{38}$$

geschrieben werden.

Ein weiterer wichtiger Fall sind lineare BOOLEsche Funktionen. Sie können allgemein durch

$$f_i(\underline{x}) = \alpha_0 \nsim \sum_{i=1}^{k} \alpha_i x_i \tag{39}$$

beschrieben werden, wobei die α_i der Menge $\{0, 1\}$ entstammen. In beiden betrachteten Fällen werden die Funktionenmengen durch binäre Parameter gekennzeichnet, wobei im ersten Fall die Funktionswerte von $c_i(\underline{x})$ für $\varphi = 1$, im zweiten Fall die α_i die Parameter darstellen.

Als Optimierungskriterien sollen relativ einfache Fälle betrachtet werden, wobei wir vereinbaren wollen, nur die für das Kriterium wesentlichen Variablen explizit zu notieren. Wir führen eine Reihe von Eigenschaften BOOLEscher Funktionen an, die in den folgenden Sätzen (vgl. [7]) definiert sind:

a) Eine Funktion f ist von der Variablen x_i genau dann unabhängig, falls gilt:

$$\frac{\partial f}{\partial x_i} \equiv 0. \tag{40}$$

b) Eine Funktion f ist in der Variablen x_i genau dann linear, falls gilt:

$$\frac{\partial f}{\partial x_i} \equiv 1. \tag{41}$$

c) Eine Funktion f ist in der Variablen x_i genau dann monoton nicht fallend, falls gilt:

$$f(x_i = 0)\,\overline{f(x_i = 1)} \equiv 0. \tag{42}$$

d) Eine Funktion f ist in der Variablen x_i genau dann monoton nicht steigend, falls gilt:

$$\overline{f(x_i = 0)}\,f(x_i = 1) \equiv 0. \tag{43}$$

e) Eine Funktion f ist bez. der Variablen x_i genau dann konjunktiv zerlegbar [8], d.h. in der Form

$$f(x_i) = (x_i \nsim e_i) \wedge g$$

mit

$$\frac{\partial g}{\partial x_i} = 0,\ e_i \in \{0,1\}$$

darstellbar, falls gilt:

$$\frac{\partial f}{\partial x_i} = f(x_i = \bar{e}_i). \tag{44}$$

f) Eine Funktion f ist bez. der Variablen x_i genau dann disjunktiv zerlegbar [8], d.h. in der Form

$$f(x_i) = (x_i \nsim e_i) \vee g$$

mit

$$\frac{\partial g}{\partial x_i} = 0,\ e_i \in \{0,1\}$$

darstellbar, falls gilt:

$$\frac{\partial f}{\partial x_i} = \overline{f(x_i = e_i)}. \tag{45}$$

g) Eine Funktion f ist in den Variablen x_i und x_j symmetrisch genau dann, wenn gilt:

$$f(x_i = 0, x_j = 1) = f(x_i = 1, x_j = 0). \tag{46}$$

Wir stellen uns zunächst die Aufgabe, festzustellen, ob sich in einem gegebenen Verband wenigstens eine von x_i unabhängige Funktion befindet. Es sei

$$f = q \nsim c\varphi \tag{47}$$

die allgemeine Beschreibung der Funktionen des Verbandes. Wir bilden

$$\frac{\partial f}{\partial x_i} = \frac{\partial q}{\partial x_i} \nsim \frac{\partial c}{\partial x_i}\varphi \nsim \frac{\partial \varphi}{\partial x_i} c \nsim \frac{\partial c}{\partial x_i}\frac{\partial \varphi}{\partial x_i} = 0. \tag{48}$$

Der Verband enthält wenigstens eine von x_i unabhängige Funktion, falls es wenigstens einen Wert von c und $\frac{\partial c}{\partial x_i}$ gibt, so daß (48) erfüllt ist, d.h. wenn die Gleichung (48) nach c und $\frac{\partial c}{\partial x_i}$ auflösbar ist.

Nach (16) muß dann gelten:

$$\min^2_{c,\,\frac{\partial c}{\partial x_i}} \left(\frac{\partial q}{\partial x_i} \nsim \frac{\partial c}{\partial x_i}\varphi \nsim \frac{\partial \varphi}{\partial x_i} c \nsim \frac{\partial c}{\partial x_i}\frac{\partial \varphi}{\partial x_i}\right) = 0, \tag{49}$$

was sich nach Ausrechnen zu

$$\frac{\partial q}{\partial x_i}\overline{\frac{\partial \varphi}{\partial x_i}}\,\bar{\varphi} = 0 \tag{50}$$

vereinfachen läßt. Die Beziehung (50) stellt den gesuchten Existenzsatz dar. Gleichzeitig ist damit die allgemeine Methodik zur Gewinnung weiterer Existenzsätze dargestellt, die stets aus den beiden Schritten:

- Anwenden des Optimierungskriteriums auf den allgemeinen Ansatz,
- Bilden des k-fachen Minimums nach allen k im Ansatz vorhandenen Parametern

besteht. Es muß dabei u. U. (das ist in der obigen Rechnung nicht ganz durchgeführt worden) eine Umformung des allgemeinen Ansatzes so vorgenommen werden, daß alle Parameter klar erkennbar sind. Für die übrigen genannten Optimierungskriterien erhalten wir auf diese Weise die folgenden Existenzsätze als notwendige Bedingungen für das Vorhandensein wenigstens einer Funktion mit der entsprechenden Eigenschaft im Verband:

b) $$\overline{\frac{\partial q}{\partial x_i}}\,\overline{\frac{\partial \varphi}{\partial x_i}}\,\bar{\varphi} = 0 \tag{51}$$

c) $$q(x_i = 0)\,\overline{q(x_i = 1)}\,\overline{\max_{x_i} \varphi} = 0 \tag{52}$$

d) $$\overline{q(x_i = 0)}\,q(x_i = 1)\,\overline{\max_{x_i} \varphi} = 0 \tag{53}$$

e) $$\bar{e}_i\, q(x_i = 0)\,\overline{\varphi(x_i = 0)} \vee e_i q(x_i = 1)\,\overline{\varphi(x_i = 1)} = 0 \tag{54}$$

f) $$\bar{e}_i\,\overline{q(x_i = 1)}\;\;\overline{\varphi(x_i = 0)} \vee e_i\overline{q(x_i = 0)}\;\;\overline{\varphi(x_i = 0)} = 0 \tag{55}$$

g) $$[q(x_i = 0, x_j = 1) \nsim q(x_i = 1, x_j = 0)]\,\overline{\varphi\,(x_i = 0, x_j = 1)}\,\overline{\varphi(x_i = 1, x_j = 0)} = 0. \tag{56}$$

Die Menge der linearen Funktionen ist relativ stärker in ihren Eigenschaften festgelegt und besitzt keine nichttrivialen Funktionen mit den Eigenschaften c), d), e) und f). Für die übrigen Eigenschaften gelten als Existenzsätze

a) $$\alpha_i = 0 \tag{57}$$

b) $$\alpha_i = 1 \tag{58}$$

g) $$\alpha_i = \alpha_j \tag{59}$$

5. *Optimierung von Flip-Flop-Ansteuernetzwerken*

Ein Flip-Flop ist ein Einbitspeicher mit der Speichervariablen Q, es wird von außen durch gewisse Größen $a_1, \ldots, a_n$ (Eingänge des Flip-Flop) gesteuert, und sein Verhalten wird durch seine sequentielle Gleichung der Gestalt

$$^1Q = F(Q, a_1, \ldots, a_n) \tag{60}$$

beschrieben. Es kann getaktet oder ungetaktet sein, was für die hier auszuführenden Untersuchungen belanglos ist. Zur Synthese eines Flip-Flop-Netzwerkes benötigt man die Problemgleichung

$$^1y_i = f(x_1, \ldots, x_k, y_1, \ldots, y_i, \ldots, y_l), \tag{61}$$

die aus der abstrakten Synthese auf der Grundlage der Aufgabenstellung folgt, die Gleichung (60) des ausgewählten Flip-Flop-Typs und eventuell auftretende Nebenbedingungen (meist statischer Art), die für die aktuellen Variablen $x_1, \ldots, x_k, y_1, \ldots, y_l$ oder für das Flip-Flop selbst bestehen können und die wir durch eine Gleichung

$$g(\underline{a}, \underline{x}, \underline{y}) = 0 \tag{62}$$

ausdrücken. Gesucht sind die jedem Eingang des Flip-Flops vorzuschaltenden Ansteuernetzwerke, für die fast immer eine Funktionsoptimierung möglich und erwünscht ist. Zur Lösung der Aufgabe benutzt man gewöhnlich das Gleichungsverfahren [7], das keine unmittelbaren Rückführungen des Flip-Flops auf seine Eingänge zuläßt, oder praktikable Tabellenmethoden, die zwar solche Rückführungen und auch andere Optimierungsvarianten erlauben, aber als Zwischenschritt eine Tabellendarstellung der Funktion erfordern.

Zur analytischen Behandlung formen wir zunächst die Problemgleichung (61) in die Form

$$^1y_i = \bar{y}_i f_0 \nsim y_i f_1 \tag{63}$$

um, wobei f_0 und f_1 im allgemeinen von den restlichen Größen aus (61) abhängen. Wir identifizieren Q mit y_i (das bedeutet, daß y_i unmittelbar der Flip-Flop-Ausgang ist und nicht erst durch ein zusätzliches Netzwerk erzeugt wird) und erhalten damit aus (63) und (60) die Gleichung

$$\bar{y}_i f_0 \nsim y_i f_1 = F(y_i, a_1, \ldots, a_n). \tag{64}$$

Aus (64) und (62) entsteht dann eine Gleichung, die alle Bedingungen der Aufgabe enthält:

$$[\bar{y}_i f_0 \nsim y_i f_1 \nsim F(y_i, a_1, \ldots, a_n)] \vee g(\underline{a}, \underline{x}, \underline{y}) = 0. \tag{65}$$

Sie muß nach den Flip-Flop-Eingängen $a_1, \ldots, a_n$ aufgelöst werden, wobei als Auflösungsergebnisse nach den oben gezeigten Aussagen konvexe Verbände Booleschen Funktionen der Gestalt

$$a_j = q_j \nsim \varphi_j c_j \quad (1 \leq j \leq n) \tag{66}$$

entstehen mit

$$q_j = q_j(f_0, f_1, y_i) \tag{67}$$

$$\varphi_j = \varphi_j(f_0, f_1, y_i) \tag{68}$$

$$c_j = c_j(f_0, f_1, y_i). \tag{69}$$

Der Parameter c_j ist unter Beachtung einer aus der Auflösbarkeit folgenden Nebenbedingung frei wählbar, die Kennwerte q_j und φ_j können für festliegende Flip-Flop-Typen berechnet werden und sollen für die wichtigsten Typen im folgenden angegeben werden (zu den Typen vgl. [7]):

a) RS-Flip-Flop:

$$\begin{array}{ll} {}^1Q = S \vee \bar{R}Q & \left.\begin{array}{l} R = y_i\bar{f}_1 \nsim \bar{y}_i\bar{f}_0 c_R \\ S = \bar{y}_i f_0 \nsim y_i f_1 c_S \end{array}\right\} \\ RS = 0 & \end{array} \tag{70}$$

b) IK-Flip-Flop

$$\begin{array}{ll} {}^1Q = \bar{Q}I \vee \bar{Q}K & \left.\begin{array}{l} I = \bar{y}_i f_0 \nsim y_i c_I \\ K = y_i\bar{f}_1 \nsim \bar{y}_i c_K \end{array}\right\} \end{array} \tag{71}$$

c) IR-Flop-Flip (Löschvorrang):

$$\begin{array}{ll} {}^1Q = \bar{R}(I \vee Q) & \left.\begin{array}{r} I = \bar{y}_i f_0 \nsim (y_i \vee \bar{f}_0) c_I \\ R = y_i\bar{f}_1 \nsim \bar{y}_i\bar{f}_0 c_R \\ \text{NB:}\ \bar{y}_i\bar{f}_0\bar{c}_R\bar{c}_I = 0 \end{array}\right\} \end{array} \tag{72}$$

d) SK-Flip-Flop (Setzvorrang):

$$\begin{array}{ll} {}^1Q = S \vee \bar{K}Q & \left.\begin{array}{r} S = \bar{y}_i f_0 \nsim y_i f_1 c_S \\ K = \bar{y}_i\bar{f}_1 \nsim (\bar{y}_i \vee f_1) c_K \\ \text{NB:}\ y_i f_1 \bar{c}_S \bar{c}_K = 0 \end{array}\right\} \end{array} \tag{73}$$

e) DV-Flip-Flop:

$$\begin{array}{ll} {}^1Q = \bar{V}Q \vee DV & \left.\begin{array}{r} D = \bar{y}_i f_0 \nsim (\bar{y}_i\bar{f}_0 \nsim y_i f_1) c_D \\ V = \bar{y}_i f_0 \nsim y_i\bar{f}_1 \nsim (\bar{y}_i\bar{f}_0 \nsim y_i f_1) c_V \\ \text{NB:}\ \bar{y}_i\bar{f}_0 c_D c_V \nsim y_i f_1 \bar{c}_D c_V = 0 \end{array}\right\} \end{array} \tag{74}$$

f) D-Flip-Flop:

$$^1Q = D \qquad D = \bar{y}_i f_0 \nsim y_i f_1 \tag{75}$$

g) T-Flip-Flop:

$$^1Q = T \nsim Q \qquad T = \bar{y}_i f_0 \nsim y_i \bar{f}_1 \tag{76}$$

Die Anwendung der gewonnenen Aussagen ist unmittelbar möglich. So sei z.B. gefordert, daß ein RS-Flip-Flop durch ein geeignetes Ansteuerwerk als T-Flip-Flop eingesetzt werden soll. Wir erkennen

$$^1y = x \nsim y$$

und erhalten

$$f_0 = x$$
$$f_1 = \bar{x}.$$

Damit wird

$$R = yx \nsim \overline{y}\overline{x}\, c_R(x,y)$$
$$S = \bar{y}x \nsim y\bar{x}\, c_S(x,y),$$

wobei von den Parameterfunktionen c_R und c_S jeweils nur ein Funktionswert Einfluß auf das Ergebnis hat, so daß auch geschrieben werden kann:

$$R = xy \nsim \bar{x}\bar{y}\, c_R$$
$$S = x\bar{y} \nsim \bar{x}y\, c_S.$$

Das Problem hat 4 Lösungen:

$$R_1 = xy \qquad R_2 = \bar{x} \nsim y \qquad R_3 = xy \qquad R_4 = \bar{x} \nsim y$$
$$S_1 = x\bar{y} \qquad S_2 = x\bar{y} \qquad S_3 = x \nsim y, \qquad S_4 = x \nsim y.$$

Die Verbandsstruktur und die geschlossene Darstellung der Lösungen erlaubt auch die Anwendung der oben gezeigten Existenzsätze. So sei beispielsweise gefragt, ob es zu einer gegebenen Problemgleichung (61) eine Schaltung mit einem IK-Flip-Flop gibt, deren I-Eingang nicht von einer in f_0 oder f_1 enthaltenen Variablen b_j (es kann eine Eingangsgröße oder der Ausgang eines anderen Speicherelements sein) abhängt. Die Bedingung dafür, die aus der Anwendung von (50) auf die entsprechende Gleichung aus (71) folgt, lautet

$$\bar{y}_i \frac{\partial f_0}{\partial b_j} = 0 \tag{77}$$

oder, da f_0 voraussetzungsgemäß von y_i unabhängig ist,

$$\frac{\partial f_0}{\partial b_j} = 0.$$

Damit konnte erreicht werden, die Synthese von Ansteuernetzwerken für Flip-Flops als mathematisch geschlossene Theorie darzustellen, die sich einbettet in die Anwendungen der Theorie Booleescher Gleichungen, wobei durch den Booleeschen Differentialkalkül wesentliche neue Seiten erschlossen werden konnten.

Literatur

[1] HAMMER, P. L., (IVANESCU), RUDEANU, S.: Boolean Methods in Operations Research, Berlin, Heidelberg, New York, 1968.

[2] ZAKREVSKIJ, A. D.: Logičeskie uravnenija, Minsk, 1975.

[3] AKERS, S. B.: On a theory of Boolean Functions, J. Soc. Ind. Appl. Math., Vol. 7, Nr. 4, Dez. 1959, S. 487–498.

[4] BOCHMANN, D., KÜHNRICH, M., POSTHOFF, CH.: Eigenschaften und Anwendung dynamischer Operationen in der Schaltalgebra, TH Karl-Marx-Stadt, 1975.

[5] HÖLZEL, A.: Bibliographie zum BOOLEschen Differentialkalkül, TH Karl-Marx-Stadt, Sekt. IT, 1977.

[6] POSTHOFF, CH.: Harmonische Analyse von Schaltfunktionen, ZKI-Informationen 1/1975, Berlin, 1975.

[7] BOCHMANN, D.: Einführung in die strukturelle Automatentheorie, VEB Verlag Technik, Berlin, 1975.

[8] POSTHOFF, CH.: Die Lösung und Auflösung binärer Gleichungen mit Hilfe des BOOLEschen Differentialkalküls, EIK 14 (1978) 1/2, 53–80.

[9] BOCHMANN, D.: Probleme und Methoden der Analyse von Schaltnetzwerken (Sammelband) in: Grundlagen der Schaltungsentwicklung, Akademie-Verlag Berlin 1979, S. 157–190

[10] LEHMANN, K., FÜGERT, E.: Zur algebraischen Bestimmung von Signalnebenbedingungen in kombinatorischen Netzwerken, Nachrichtentechnik-Elektronik, **26** (1976), Heft 4, S. 146–149.

[11] BOCHMANN, D.: Zu den Aufgaben und dem gegenwärtigen Stand des Booleschen Differentialkalküls, Wiss. Zeitschrift TH Karl-Marx-Stadt, Jahrg. 19, 1977, Heft 2, S. 193–200.

[12] BOCHMANN, D.: Begriff und Methoden der Funktionsoptimierung, ZKI-Informationen, 1/1974, S. 7–11.

W. Weller

Optimale Steuerung diskreter Systeme mit Hilfe lernender Automaten

Einleitung

Mit fortschreitender Entwicklung werden an den Betrieb technischer Systeme zunehmend höhere Anforderungen gestellt. Hierbei handelt es sich häufig darum, auf ein vorliegendes Objekt durch Steuerung derart einzuwirken, daß gewisse erwünschte Zustände trotz auftretender Störungen nach Möglichkeit aufrecht erhalten oder vorgegebene Zielzustände erreicht werden.

Die anzustrebenden Prozeßziele ergeben sich beispielsweise im Zusammenhang mit Aufgabenstellungen folgender Art:

- Sicherstellung der maximal möglichen Funktionsfähigkeit des Systems trotz auftretender Ausfälle von Elementen (Zuverlässigkeit)
- Schutz der Systemkomponenten vor Schäden (Havarieschutz)
- Bedienung des jeweiligen Forderungsstromes bei möglichst geringem Aufwand (Wirtschaftlichkeit)

Meist wird außerdem verlangt, daß der Verlauf des Übergangsprozesses bestimmten Güteforderungen genügt. Die entsprechenden Kriterien können sich hier auf die Länge der Zustandsfolgen, die Übergangszeit, die Übergangswahrscheinlichkeit u.a. beziehen.

Die Prozeßführung nach Kriterien der geschilderten Art setzt Steuerungsverfahren voraus, die höhere Intelligenzleistungen verifizieren. Dem Problem der Steuerung solcher als diskret zu betrachtenden Prozesse ist der vorliegende Beitrag gewidmet. Hierzu befaßt sich der erste Teil mit dem Entwurf von Algorithmen für die optimale diskrete Steuerung in bezug auf verschiedene praktisch bedeutsame Gütekriterien. Sodann werden Fragen der rechnerlosen Implementierung solcher optimalen Steuerungen behandelt. Im besonderen wird untersucht, inwieweit Lernsysteme zur Lösung dieser Aufgaben herangezogen werden können. In diesem Zusammenhang wird eine relativ einfache gerätetechnische Lösung einer lernfähigen Steuereinrichtung vorgestellt. Schließlich soll ein einfaches Anwendungsbeispiel behandelt werden.

1. Problemstellung

1.1. Problemformulierung

Die Grobstruktur des betrachteten Steuerungssystems ist in Abb. 1 dargestellt. Hierin bezeichnen P das Steuerobjekt (Prozeß) und S die zu entwerfende optimale Steuereinrichtung.

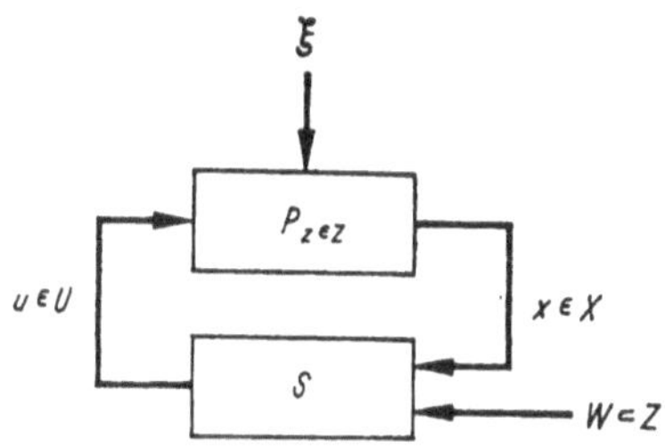

Abb. 1 Grundstruktur eines diskreten Steuerungssystems

Der Prozeß P werde als dynamisch, zeitinvariant und diskret vorausgesetzt. Sein jeweiliger Zustand $z \in Z$ sei mit Hilfe einer Anzahl geeigneter Attribute a_i beobachtbar. Diese können als Elemente eines sog. Beobachtungsvektors

$$\underline{x} = [a_1 a_2 \ldots a_n]^T$$

aufgefaßt werden, dessen vorkommende Belegungen als Beobachtungen $x \in X$ bezeichnet werden.

Auf den Prozeß wirken einerseits Störungen ξ ein, die durch Ausfälle bzw. Ersetzung von Aggregaten oder Lastschwankungen verursacht sein können. Auf den Prozeß sollen andererseits elementare Operationen $u \in U$ anwendbar sein, über die auf den Prozeßzustand eingewirkt werden kann. Berücksichtigt man zusätzlich die leere Operation und ordnet den Operationen natürliche Zahlen zu, so ergibt sich die Menge der Operationen zu

$$U = \{0, 1, 2, \ldots, m\}.$$

Bezüglich des Steuerverhaltens von P sind zwei typische Fälle zu unterscheiden. So erfolgt bei deterministischem Übertragungsverhalten ein eindeutiger Übergang vom aktuellen Zustand z bei Einwirkung der Operation u in den Folgezustand z'. In der Praxis ist jedoch häufig auch mehrdeutiges Übertragungsverhalten anzutreffen. In einem solchen Falle werden bei Anwendung einer Operation u im Zustand z verschiedene Folgezustände $z' \in F(z)$ mit gewissen Wahrscheinlichkeiten $p(z'/z,u)$ erreicht.

Die Aufgabe der Steuerung S besteht darin, den Prozeß P aus einem vorliegenden aktuellen Zustand $z \in Z$, den er durch Störung oder vorherige Steuerung angenommen hat, in einen erwünschten (Ziel-)zustand z^* zu überführen. Die angestrebten Zielzustände können hierbei zur Menge der Zielzustände (Zielgebiet) $W \subset Z$ vereinigt werden.

Die Steuerungsaufgabe kann dadurch gelöst werden, daß auf Grund von Beobachtungen x der Ist-Zustände z Entscheidungen zugunsten der im Sinne des geltenden Kriteriums besten bzw. mutmaßlich besten elementaren Operationen u getroffen werden. Hierbei ist zu berücksichtigen, daß die im jeweiligen Zustand zur Auswahl stehende Operationenmenge aus technologischen oder sicherheitstechnischen Gründen eingeschränkt ist, so daß Bedingungen der Art $U(z) \subseteq U$, $z \in Z$ zu beachten sind.

Für die Arbeitsweise der betrachteten Systemklasse ist weiterhin kennzeichnend, daß die durch Steuerung bewirkte Überführung des Prozesses in einen Zustand des Zielgebietes W – falls dies überhaupt gelingt – allgemein nur über Zwischenzustände möglich ist, d.h. Zustandsfolgen $z_1, z_2 \ldots, z^*; z^* \in W$ durchlaufen werden. Wie die Praxis zeigt, können hier bei entsprechender Steuerbeeinflussung durchaus zyklische Teilfolgen vorkommen. Ebenso besteht u.U. die Möglichkeit, daß Zustände erreicht werden, die durch Steuereinwirkung nicht mehr verlassen werden können (Sackgassen).

1.2. Beschreibung durch Automatenmodelle

Für die Behandlung des aufgeworfenen Steuerungsproblems erweist sich das Automatenkonzept als besonders fruchtbar. Aus diesem Grunde sollen sowohl die gesteuerten Prozesse als auch die zu entwerfenden Steuereinrichtungen als endliche Automaten beschrieben werden.

Wie sich zeigt, kann eine hinreichend weite Klasse von Prozessen P mit Hilfe der beiden nachfolgend angegebenen Automatenmodelle erfaßt werden:

1. überwiegend determinierter endlicher diskreter Automat (Typ I)

$$P\,(U, X, Z, f, g, h, q(z'/z)) \tag{1}$$

2. spezieller endlich diskreter Wahrscheinlichkeitsautomat (Typ II)

$$P\,(U, X, Z, p(z'/z, u), g, h, q(z'/z)) \tag{2}$$

Hierin bedeuten:

U	Menge der elementaren Steuereinwirkungen (Operationen)
X	Menge der elementaren Reaktionen
Z	Menge der Zustände
$f: U \times Z \to Z$	Überführungsfunktion
$g: Z \to X$	Ergebnisfunktion
$h: U \times Z \to U$	Zulässigkeitsfunktion
$q(z'/z)$	Wahrscheinlichkeit, daß im Zustand z bei einwirkender Störung ξ der Folgezustand z' ist
$p(z'/z,u)$	Wahrscheinlichkeit, daß im Zustand z bei einwirkender Operation $u \in U(z)$ der Folgezustand z' ist $\sum_{z'(z,u)} p(z'/z,u) = 1/z,z' \in Z,u \in U(z)$.
	$Z'\,(z,u)$

Das Prozeßmodell wird im konkreten Fall als bekannt vorausgesetzt.

Der optimale determinierte Steuerautomat sei entsprechend beschrieben durch

$$S = (X, U, \varphi, \psi_w) \tag{3}$$

mit den zusätzlichen Bezeichnungen

$\varphi: X \rightarrow Z$ Überführungsfunktion
$W \subset Z$ Teilmenge von Zuständen (Zielgebiet)
$\psi_w: (U \times Z)/W \subset Z \rightarrow U$ Ergebnisfunktion.

1.3. Beschreibung durch Steuergraphen

Im Hinblick auf die nachfolgende Optimierung der Steuerung ist es nützlich, das Steuerverhalten der betrachteten Prozesse durch geeignete Graphen abzubilden. Dazu wird ausgehend von der Automatenbeschreibung von P gemäß Gl. (1) oder (2) ein sog. Steuergraph als endlicher gerichteter Graph D mit bewerteten Kanten wie folgt eingeführt:

$$D = (V, E, G) \tag{4}$$

Def.

$V = v = z/z \in Z$ Menge der Knoten
$E = \{e^u_{zz'} = (vv')/f(z,u) = z'; z,z' \in Z; u \in U\}$ Menge der Kanten
$G = \{g^u_{zz'} = g(vv')/f(z,u) = z'; z,z' \in Z; u \in U\}$ Menge der Kantengewichte

Die Kantengewichte $g^u_{zz'}$ werden später entsprechend den benutzten Gütekriterien geeignet interpretiert. Die deterministischen wie stochastischen elementaren Zustandsübergänge können nunmehr gemäß Abb. 2 veranschaulicht werden. Jeder Zustandsfolge $z_1, z_2, \ldots, z_k; z_i \in Z$ entspricht dann ein Weg $s = (v_1, v_2, \ldots, v_k); v_i \in V$ im Steuergraph D.

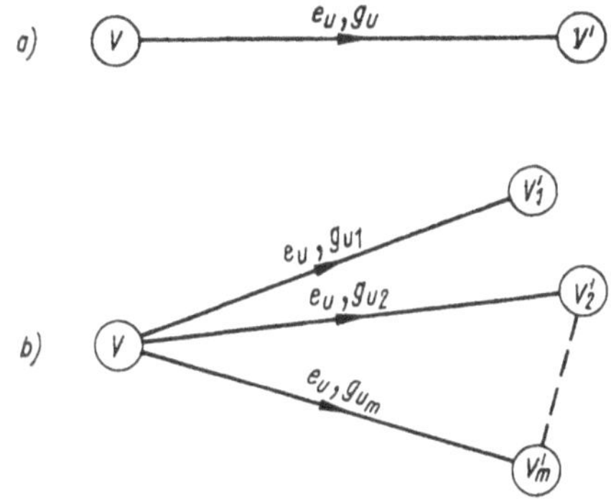

Abb. 2 **Graphenabbildung gesteuerter Zustandsübergänge**
a) eindeutiger Übergang, b) mehrdeutiger Übergang

2. *Lösung des Optimierungsproblems*

2.1. Gütekriterien

Soll die Zustandsüberführung optimal erfolgen, so ist zunächst die Frage der Formulierung geeigneter Gütekriterien zu betrachten. Wegen der gemäß Abschnitt 1.3. vorgenommenen Abbildung der Automaten P in Steuergraphen D kann sich die Notierung solcher Kriterien auf die zu einem Zielknoten $v^* \in W$ führenden Graphenwege $s(vv^*)$ beziehen.

Geht man von den Anforderungen der Praxis aus, so sind u.a. folgende Gütekriterien bedeutsam:

1. Weg

Sei $L\,\{s(vv^*)\}$ die Länge eines zu einem Zielknoten führenden Wegs, so lautet die Bedingung

$$I_1 = \underset{v \in V, v^* \in W}{L} \{s(vv^*)\} = \text{min.} \tag{5}$$

2. Kosten

In entsprechender Weise ergibt sich

$$I_2 = \underset{v \in V, v^* \in W}{K} \{s(vv^*)\} = \text{min.} \tag{6}$$

Werden die beim Durchlaufen eines Wegs s auftretenden Gesamtkosten $K\,\{s(vv^*)\}$ als totale Übergangszeiten $T\{s(vv^*)\}$ interpretiert, so kann mit diesem Kriterium formal auch der wichtige zeitoptimale Fall erfaßt werden.

3. Übergangswahrscheinlichkeit

Mit $P\,\{s(vv^*)\}$ als der Gesamtübergangswahrscheinlichkeit für den Weg $s(vv^*)$ gilt

$$I_3 = \underset{v \in V, v^* \in W}{P} \{s(vv^*)\} = \text{max.} \tag{7}$$

2.2. Lösungskonzeption

Nach erfolgter graphentheoretischer Formulierung des aufgeworfenen Optimierungsproblems wird für die Lösung folgender methodologischer Zugang gewählt [1]. Die Beschreibung der Steuergraphen wird in einer effektiven rechnerfreundlichen Listentechnik vorgenommen. Dadurch werden Nachteile der vielfach üblichen Matrizennotierung, wie unnötige Aufblähung der Darstellung bei schwacher Besetzung der Matrizen, die Notwendigkeit zweidimensionaler Suchvorgänge sowie aufwendige Matrizeninversionen vermieden.

Die Optimierung erfolgt auf der Grundlage von Bewertungsfunktionen, die über dem Graphen geeignet konstruiert werden. Hierbei wird für jeden zulässigen Weg $s(vv^*) \in S(vv^*)$ ein Gesamtgewicht G ermittelt, unter denen der optimale durch Größenvergleich bestimmt wird. Das Berechnungsverfahren läßt sich besonders effektiv gestalten, wenn rekursiv vorgegangen wird, wobei die Berechnung im vorliegenden Fall retrograd, d.h. vom Zielgebiet her, vorzunehmen ist. Der Vorteil dieser Methodik besteht vor allem darin, daß in jedem Berechnungsschritt alle nichtoptimalen Kanten ausgeschieden werden.

2.3. Optimierungsalgorithmen

Für die Lösung des Optimierungsproblems erweisen sich zunächst zwei Typen rekursiver Algorithmen als geeignet:

1. Optimierungsalgorithmus 1

Dieser Algorithmus vom Summentyp ist von seiner Struktur her aus der dynamischen Programmierung bekannt [2]. Bezeichnen $g^u_{vv'}$ das jeweilige Kantengewicht von $e^u_{vv'}$ und $G(v)$, $G(v')$ die Gewichte benachbarter Knoten v und $v' \in F(v)$, so ergibt sich die Optimierungsvorschrift zu

$$u(v) = u_{op} \in U(v)$$

für

$$G(v) = \min_{v \in V, v^* \in W} \{G(v') + g^u_{vv'}\}. \tag{8}$$

Setzt man im einfachsten Fall für jede existierende Kante $e^u_{vv'}$ das Kantengewicht zu $g^u_{vv'} = 1$, so läßt sich damit eine Optimierung entsprechend dem kürzesten Weg (Gl. 5) vornehmen. Werden hingegen den Kantengewichten geeignete Kosten $k^u_{vv'}$ oder auch die aus einer Systemidentifikation ermittelten Repräsentanten der elementaren Übergangszeiten $t^u_{vv'}$ zugeordnet, so erhält man eine Optimierung nach dem Kriterium der minimalen Kosten bzw. der kürzesten Zeit (Gl. 6). In Abb. 3 ist für ein sehr einfaches Beispiel die Ermittlung des zeitoptimalen Baumes aus dem entsprechenden Steuergraphen angegeben.

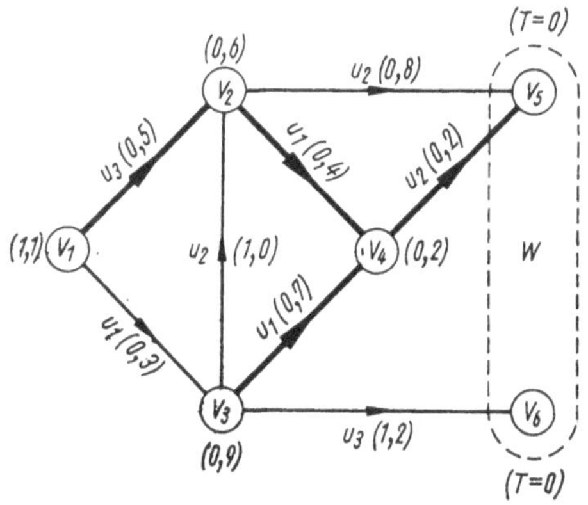

Abb. 3 Beispiel eines zeitoptimalen Baumes in einem einfachen Steuergraphen

2. Optimierungsalgorithmus 2

Hierbei handelt es sich um einen Algorithmus vom Produkttyp. Die Optimierungsregel lautet dann

$$u(v) = u_{op} \in U(v)$$

für

$$G(v) = \max_{v \in V, v \in W} \{g^u_{vv'} G(v')\}. \tag{9}$$

Interpretiert man $g^u_{vv'}$ als bedingte Übergangswahrscheinlichkeiten $p(v'/v,u)$ unter Berücksichtigung der Normierungsbedingung

$$\sum_{u,v' \in F(v)} p(v'/v,u) = 1; \; v,v' \in V, u \in U(v),$$

so kann dieser Algorithmus zur Optimierung entsprechender maximalen Übergangswahrscheinlichkeit (Gl. 7) benutzt werden. Das prinzipielle Vorgehen wird in Abb. 4 durch ein einfaches Beispiel illustriert.

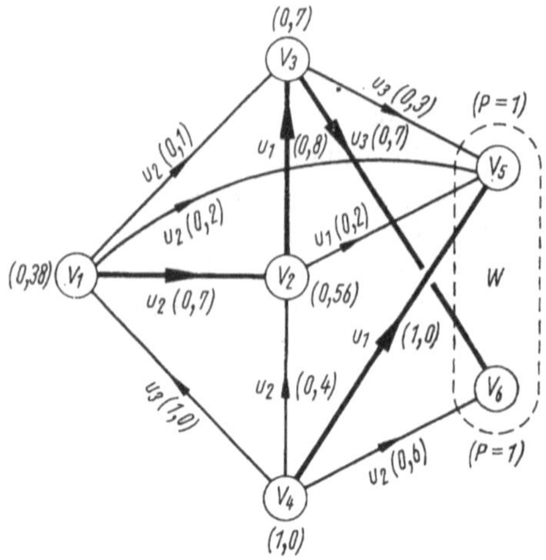

Abb. 4 Beispiel eines wahrscheinlichkeitsoptimalen Baumes in einem einfachen Steuergraphen

Die Abarbeitung der Optimierungsvorschriften gemäß Gl. (8) oder (9) erfordert, daß eine bestimmte Reihenfolge in der Berechnung eingehalten wird. Zur Steuerung derselben ist es zuvor notwendig, eine geeignete Knotenmarkierung vorzunehmen. Dafür eignet sich der sog. maximale Knotenrang $ra(v)$. Dieser wird in Anlehnung an [3] als größter Abstand zwischen jeweils zwei benachbarten Knoten v und $v' \in F(v)$ definiert.

3. Optimierungsalgorithmus 3

Das Konzept der Knotenränge lieferte die Idee für eine besonders einfache Optimierungsvorschrift nach dem Kriterium des kürzesten Wegs (Gl. 3). Hierzu wird ein minimaler Knotenrang $ri(v)$ als kürzester Abstand zwischen zwei benachbarten Knoten eingeführt. Sei $'v \in G(v)$ ein Vorgängerknoten des Knotens v, so erhält man die Optimierungsregel

$$'u('v) = 'u_{op}$$

für

$$ri('v) - ri(v) = 1. \tag{10}$$

2.4. Behandlung von Zyklen

Die Ermittlung der maximalen Knotenränge $ra(v)$, $v \in V$ und damit die rekursive Optimierung entsprechend Gl. (9) und (10) stagniert, wenn bei der sukzessiven Abarbeitung des Steuergraphen Zyklen angetroffen werden. Hier-

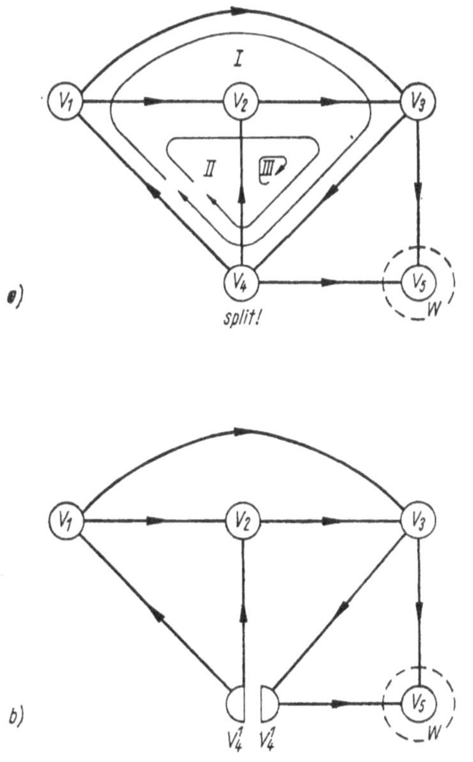

Abb. 5 Beispiel einer Knotenspaltung
a) Graph mit dreifachem Zyklus; b) Auftrennen der Zyklen durch Spaltung von v_4

bei kann es sich um singuläre oder multiple Zyklen handeln. Ein Ausweg besteht darin, die Zyklen durch Knotenspaltung aufzubrechen. Auf diese Weise ergeben sich offene Ketten mit je einem Halbknoten am Anfang und Ende, so daß die Rangbestimmung ohne Schwierigkeiten fortgesetzt werden kann (vgl. Abb. 5).

Wesentlich ist, daß für die Spaltung ein möglichst günstiger Knoten ausgewählt wird. Dazu wird mittels einer entsprechenden Heuristik zunächst die sog. kreisbestimmende Kante bestimmt. Wird einer ihrer begrenzenden Knoten für die Spaltung benutzt, so reduziert sich die Anzahl der nötigen Knotenspaltungen u. U. beträchtlich.

Der wegoptimale Optimierungsalgorithmus entsprechend Gl. (10) ist bezüglich evtl. vorhandener Zyklen völlig unkritisch.

2.5. Ergebnisse

Die Algorithmierung der hier nur grob skizzierten Optimierungsstrategien führte zur Schaffung von modular aufgebauten Programmpaketen DISTAL (diskrete Steueralgorithmen). Das Sortiment der erarbeiteten Programmbausteine findet hierbei z. T. mehrfache Verwendung.
Bisher wurden entwickelt:

- DISTAL 1 (Modelltyp PI, Kriterium wahlweise I_1 oder I_2)
- DISTAL 2 (Modell PI, Kriterium I_1, zeitverkürzt)
- DISTAL 3 (Modell PII, Kriterium I_3)

Die Notierung erfolgte in der Programmsprache PL/I [4]. Die Erprobung der Programmpakete wurde anhand verschiedener Beispiele auf einer Rechenanlage vom Typ R 21 durchgeführt.

3. *Realisierung optimaler diskreter Steuerungen*

3.1. Realisierungsproblem

Der Automatenbegriff ist grundsätzlich ausreichend, um diskrete Optimierungsprozesse zu beschreiben. Elektronische Rechenanlagen sind von ihrer Struktur und Leistung her solche Automaten und demzufolge nach Funktionszuweisung durch entsprechende Programmierung in der Lage, optimale Steuereinrichtungen zu realisieren. Berücksichtigt man ferner, daß die zu steuernden Prozesse ebenfalls als Automaten aufgefaßt werden, so bildet das Gesamtsystem eine Art Turing-Maschine. Werden die geschilderten Programme DISTAL als Entwurfsalgorithmen aufgefaßt, so liefern diese in ihrem Ergebnis für alle $x \in X$ eine Menge geordneter Paare (x, u_{op}) oder anders ausgedrückt, eine Abbildungsvorschrift für $X \to U$. Damit ist zunächst festzustellen, daß das ursprünglich gestellte Entscheidungsproblem nach Lösung der Optimierungsaufgabe in eine gewöhnliche Zuordnung überführt wurde, die mit einer Aufwandsreduktion verbunden ist.

Für die rechnerlose Implementierung eines Zuordners bestehen verschiedene Möglichkeiten. Im vorliegenden Falle wird der Einsatz eines Musterklassifikators bevorzugt, der außerdem noch lernfähig sein soll.

Für die Wahl dieser technischen Lösung sind vor allem folgende Gründe maßgebend:

- die Erfassung der Zustände $z \in Z$ durch Beobachtungen $x \in X$ erfolgt bekanntlich unter Unsicherheiten. Neben der Möglichkeit einer Berücksichtigung des Zufallseinflusses durch das Modell eines Wahrscheinlichkeitsautomaten (Gl. 2) kann unter gewissen Umständen auch das deterministische Konzept (Gl. 1) angewendet werden, wobei die erhaltenen Ergebnisse sich dann auf die jeweiligen Klassenrepräsentanten beziehen. Ein mit diesen Klassenrepräsentanten belehrtes Erkennungssystem ist dann auf Grund seiner Eigenschaften in der Lage, trotz Unsicherheiten in der Zustandserfassung korrekt zu klassifizieren.
- Der Lernklassifikator stellt eine unifizierte Gerätelösung dar und ist somit an unterschiedliche Aufgabenstellungen anpaßbar. Darüber hinaus besteht die Möglichkeit, das Steuerverhalten bei zeitvariablem Prozeßverhalten durch Nachbelehrung zu adaptieren.

3.2. Lernklassifikator als diskreter Regler

Interpretiert man die auftretenden Beobachtungen

$$x \in \{x_1, x_2, \ldots, x_k\}$$

als Muster und die bei Angebot einer Beobachtung auszugebende optimale Operation $u_{op}(x) = e$

$$e \in \{0, 1, 2, \ldots, m\}$$

als Entscheidung zugunsten einer von $m + 1$ Klassen, so kann man die diskrete Steuerung als ein Problem der Mustererkennung aufgefaßt werden. Soll, wie vorgesehen, ein lernendes Erkennungssystem verwendet werden, so ist ein weiterer Eingang erforderlich, über den während des Lernprozesses die wahre Klassenzugehörigkeit

$$k \in \{0, 1, 2, \ldots, m\}$$

der angebotenen Muster $x \in X$ mitgeteilt wird.

Beim hier betrachteten Einsatz von Lernklassifikatoren als diskrete Steuerautomaten ergeben sich gegenüber den bisher hauptsächlich bekannt gewordenen Anwendungen im Rahmen der Zeichenerkennung einige Unterschiede, die mit der Einbeziehung in einen geschlossenen Wirkungsablauf in Zusammenhang stehen. Hierdurch wirkt die bei Angebot eines Musters getroffene Entscheidung auf das Entscheidungsobjekt zurück und erzeugt dort i.a. ein neues Muster.

Aus der vorliegenden Rückkopplungsstruktur folgt, daß die Ansprüche an die Klassifikationsgenauigkeit des Erkennungssystems gegenüber einer Verwendung in offenen Systemen allgemein geringer sind, da Fehlklassifikationen, wenn auch mit einem gewissen Verlust verbunden, im Folgeschritt korrigiert werden können. Auch werden bezüglich des Lernverhaltens meist keine hohen Güteforderungen gestellt.

Wird ferner berücksichtigt, daß im betrachteten System die Komponenten a_j ($j = 1(1)n$) des Beobachtungs-(Muster-)vektors $\underline{x}$ binärwertige Ausgangsgrößen von Gebern oder Elemente von binär kodierten diskreten Variablen sind, so ergeben sich Möglichkeiten für weitreichende Vereinfachungen des Lernklassifikators, die zur Verringerung des Aufwandes bei der Realisierung gezielt ausgenutzt werden können.

3.3. Spezieller Lernklassifikator

Für die rechnerlose Implementierung von optimalen diskreten Steuerungen wurde der Lernklassifikator LESY 1 entwickelt, dessen Konzeption und technische Realisierung im folgenden kurz dargestellt werden soll.

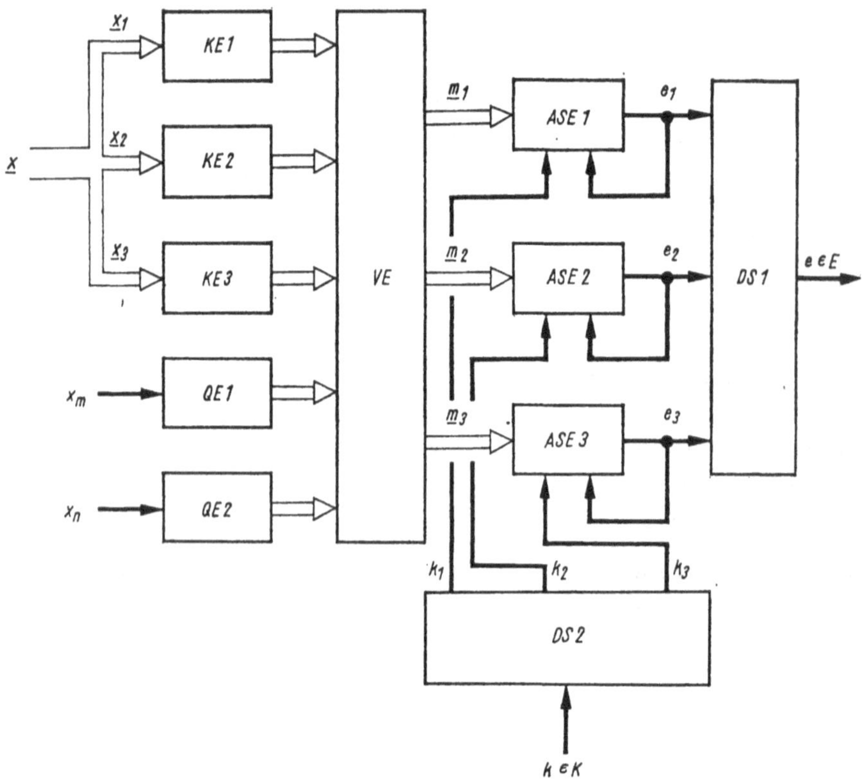

Abb. 6 Grundstruktur des betrachteten Lernklassifikators

Um beliebig konfigurierte Merkmalsmengen trennen zu können, besitzt der lernende Automat einen zweischichtigen Aufbau.

Seine Grundstruktur ist in Abb. 6 dargestellt. Die erste Schicht ist als Merkmalsfilter ausgebildet und enthält drei programmierbare Kodierschaltungen KE 1...3, die mit einer Verteilermatrix VE verbunden sind. Die Aufgabe des Merkmalfilters besteht in der Abbildung der beobachteten Eigenschaftsmuster $x \in X$ in Merkmalsmuster $m \in M$ mit verbesserten Trenneigenschaften. Der eigentliche Klassifikator wird von der zweiten Schicht gebildet und ist hier durch ein Schwellwertnetz realisiert. Es besteht aus drei parallel geschalteten autonom lernenden Schwellwertelementen ASE 1...3, die zur Bildung der individuellen Belehrungssignale k_i sowie der Gesamtentscheidung aus den Elementarentscheidungen $e_i (i = 1(1)3)$ durch je eine programmierbare Dekodierschaltung DS 1 und DS 2 abgeschlossen werden.

Bei den adaptiven Schwellwertelementen als den funktionell aufwendigsten Einheiten konnten gegenüber bisher bekannt gewordenen Lösungen weitreichende Vereinfachungen erzielt werden. Wie in [5] gezeigt wurde, läßt sich die Variabilität der Gewichtskoeffizienten zur Bewertung der Merkmalskomponenten stark einschränken, wenn die Merkmale binärwertig sind und ihre Anzahl nicht zu groß ist. Weiterer Gewinn konnte aus der gezielten Ausnutzung der spezifischen Vorteile der analogen und digitalen Schaltungstechnik gezogen werden.

Der technische Aufbau des Lernklassifikators ist in [6] dargelegt. Die Einrichtung ist modular aufgebaut und enthält 10 Baugruppen. Die schaltungstechnische Realisierung erfolgte in TTL-Technik unter Verwendung von Schaltkreisen der Serie D10 und integrierten Operationsverstärkern. Die Einrichtung wurde als Tischgerät der Baubreite 480 ausgeführt und entspricht hinsichtlich der konstruktiven Gestaltung dem EGS. Es besteht Kompatibilität mit dem in der DDR hergestellten Gerätesystem der Automatisierungstechnik ursadat 4000.

3.4. Trainierung des Lernklassifikators

Für die Funktionszuweisung des als diskrete Steuereinrichtung eingesetzten Lernklassifikators kommen zwei wesentliche Möglichkeiten in Betracht:

a) off-line-Training

Es wird davon ausgegangen, daß ein Steuerungsentwurf beispielsweise nach den Algorithmen der Programmpakete DISTAL bereits durchgeführt wurde. Durch stochastischen Aufruf der hierbei erhaltenen geordneten Paare (x,u_{op}) läßt sich eine Lernfolge gewinnen, die zur Trainierung des Lernklassifikators benutzt werden kann. Nach der Funktionszuweisung kann der Lernklassifikator eine Aufgabe als Steuerautomat übernehmen.

b) on-line-Training

Die grundsätzliche Anordnung ist Abb. 7 zu entnehmen. Die Besonderheit dieser Trainingsmethode besteht darin, daß der Lernklassifikator LK während der Steuerung des Prozesses durch eine Steuereinrichtung SE belehrt wird. (Schalter S in Stellung 1). Diese Steuereinrichtung kann beispielsweise ein Prozeßrechner sein, der optimales oder suboptimales Verhalten verwirklicht.

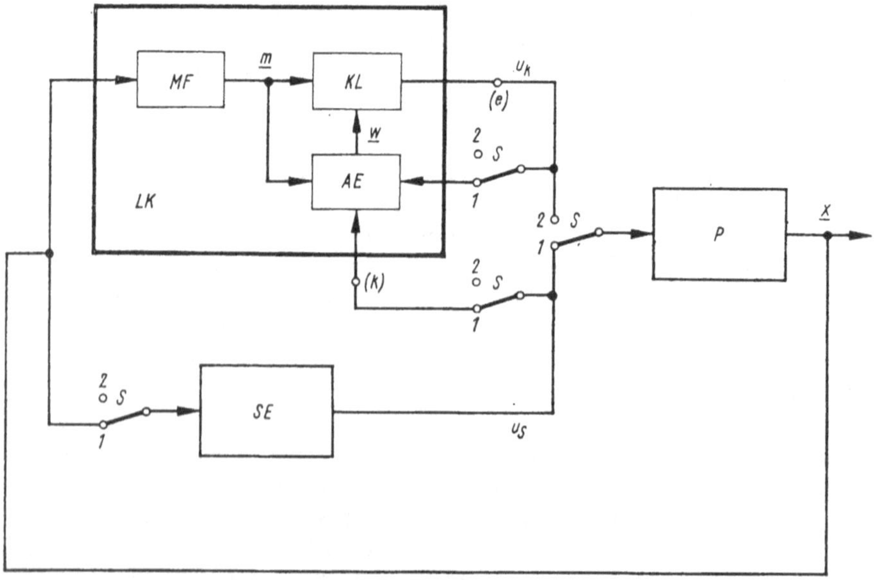

Abb. 7 Schaltungsstruktur beim on-line-Training
P Prozeß, SE Steuereinrichtung, LK Lernklassifikator, MF Merkmalfilter, KL Klassifikator, AE Adaptionseinrichtung

Dazu ist der Lernklassifikator während der Lernphase der Steuereinrichtung eingangsseitig parallel geschaltet. Er erhält somit die während des laufenden Betriebs auftretenden Beobachtungen $x \in X$ zugleich mit den von der Steuereinrichtung ausgegebenen elementaren Operationen u_s als Lernfolge zugeführt. Nach Erreichen des Lernziels ist der Lernklassifikator in der Lage, die Steuerung des Prozesses P zu übernehmen, indem er das Verhalten von SE imitiert (Schalter S in Stellung 2). Nunmehr kann der ggfs. benutzte teure Prozeßrechner einem anderen Verwendungszweck zugeführt werden.

Denkt man sich andererseits die Steuerung durch einen erfahrenen menschlichen Operateur realisiert, so bietet die Methode des on-line-Trainings mittels Lernklassifikatoren die außerordentlich perspektivreiche Möglichkeit der unmittelbaren Automatisierung menschlicher Steuerhandlungen. Auftretende

Schwankungen im menschlichen Steuerverhalten werden hierbei infolge der Eigenschaften des benutzten metrischen Klassifikators in einem gewissen Umfang ausgeglichen.

4. *Anwendungen*

Das folgende Beispiel soll die Anwendbarkeit der dargelegten Steueralgorithmen sowie die Einsatzmöglichkeit lernender Automaten zur Realisierung derselben illustrieren. Hierbei handelt es sich um die Steuerung eines autonomen Stromerzeugungssystems, wie es beispielsweise das Bordnetzsystem auf Schiffen darstellt.

Der grundsätzliche Aufbau des Steuerungsobjektes ist in Abb. 8 dargestellt. Wie ersichtlich, kann eine verschiedene Anzahl von Stromerzeugeraggregaten A dem Bordnetz zugeschaltet sein, das wiederum eine Reihe von Verbrauchern V_{jk} speist. Aus Gründen der Sicherstellung der Stromversorgung besteht die Möglichkeit, unwesentliche Verbraucher abzuschalten sowie das Netz zur Vermeidung des gefürchteten „black-out" in zwei Hälften aufzutrennen [7].

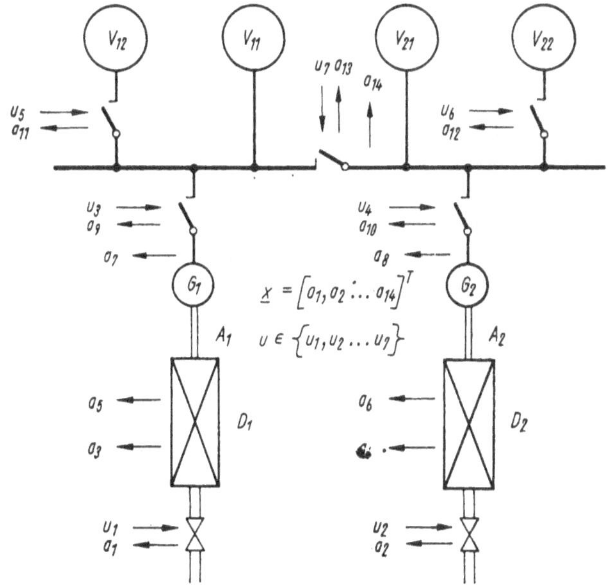

Abb. 8 Schaltungsstruktur einer Bordnetzanlage
D_i Dieselantrieb, G_i Generator, A_i Aggregat, V_{ij} Verbraucher

Es wird vorausgesetzt, daß das betrachtete Bordnetzsystem bereits mit einer Basisautomatisierung ausgerüstet ist. Diese gewährleistet das prozeßgerechte An- und Abfahren der Aggregate, die Synchronisation sowie die Einhaltung vorgegebener Werte der Netzspannung und -frequenz.

Die hier betrachtete und von einer übergeordneten Automatik zu lösende Aufgabe bestehe darin, dafür zu sorgen, daß die aktuell benötigte elektrische Leistung in maximal möglicher Weise sichergestellt und diese mit einem Minimum an in Betrieb befindlichen Aggregaten aufgebracht wird.

Die diskrete Zustandsmenge Z ergibt sich im vorliegenden Falle aus der Gesamtheit aller vorkommenden Betriebszustände der Aggregate, des Netzes sowie der Schaltzustände der Anlage. Im Zielgebiet W sind dann jene ausgezeichneten Zustände zusammengefaßt, bei denen eine volle Bedienung aller angeschlossenen Verbraucher unter Beteiligung einer möglichst geringen Zahl von Erzeugereinheiten bzw. eine stabile Teilbedienung ausgewählter Verbraucher gewährleistet ist.

Als beobachtbare Attribute a_j eignen sich bestimmte per Grenzwertschalter überwachte Prozeßvariable (Leistungen, Drehzahlen, Öldrücke und -temperaturen usw.), Fertigmeldungen, Stellungsmeldungen von Schaltern u.a. Die von dem Steuerautomat in den jeweils vorliegenden Zuständen ausgegebenen Operationen u betreffen Befehle zur In- bzw. Außerbetriebnahme einzelner Aggregate sowie zum Öffnen und Schließen von Schaltern.

Auftretende Störungen, die zu Zustandsänderungen führen, sind vor allem Leistungsanforderungen, soweit sie zur Verletzung von Grenzwerten führen, diverse Arten von Maschinenstörungen aber auch der Reparaturabschluß vorher ausgefallener Aggregate.

Es ist offensichtlich, daß das skizzierte Anwendungsbeispiel für eine ganze Klasse ähnlich gelagerter Aufgabenstellungen repräsentativ ist.

Dazu zählen u.a. die Lenkung von Fertigungsprozessen, der Betrieb von Fernleitungsnetzen und die Funktionssicherung von Orbitalstationen. Probleme mit Zustandsüberführungscharakter stellen sich hingegen beim An- und Abfahren von Maschinen- und Kesselanlagen, dem kombinierten Laden bzw. Löschen und Trimmen von Großtankschiffen, der Steuerung schienengebundener Transportvorgänge usw.

Zusammenfassung

Im Beitrag werden Algorithmen für die optimale Steuerung diskreter Prozesse angegeben, die den in der Praxis vorliegenden Bedingungen weitgehend Rechnung tragen. Dabei mag überrascht haben, daß sich Lösungen ergeben, die auf einen Zuordner führen.

Mit der Realisierung des Steuerautomaten durch einen lernfähigen Musterklassifikator wurde eine gerätetechnische Lösung vorgeschlagen, deren Einsatz gegenüber herkömmlichen Implementierungen Vorteile bietet.

Literatur

[1] WELLER, W.: Steuerung diskreter Systeme mit Hilfe lernender Automaten, Forschungsbericht SE-AT 1/75 der Sektion Elektronik der HUB (unveröffentlicht).

[2] BELLMANN, R. E., DREYFUS, S. E.: Applied Dynamic Programming. Princeton/N.J.: Princeton University Press, 1962.

[3] GOETZKE, H.: Netzplantechnik, Theorie und Praxis, Leipzig: VEB Fachbuchverlag, 1971.

[4] JÄGER, W.: Erprobung von Steueralgorithmen für diskrete Produktionsprozesse, HS-Arbeit an der Sektion Elektronik der HUB, 1976.

[5] WELLER, W.: Aufwandsminimaler Lernklassifikator für binäre Merkmale, msr 18 (1975) H. 9, S. 316–321.

[6] GOTTSCHALK, H., WELLER, W.: Technisch minimale Realisierung eines Lernklassifikators, msr 20 (1977) H. 2, S. 87–90.

[7] WELLER, W.: Schiffsautomatisierung, Berlin: VEB Verlag Technik, 1972.

G. Bieß, HW. Weiß, A. Weiß

Anwendung von Dekompositionsprinzipien bei der Strukturoptimierung verfahrenstechnischer Systeme

Gegenstand der Untersuchungen ist die Strukturoptimierung von komplexen verfahrenstechnischen Systemen. Ein solches System setzt sich aus einer Reihe miteinander gekoppelter Teilsysteme zusammen. Die Aufgabe der Strukturoptimierung soll darin bestehen, sowohl die optimale Verbindung zwischen den Teilsystemen (d.h. die optimale Struktur) als auch die optimale Auslegung des Systems zu bestimmen. Eine der möglichen Methoden zur Behandlung des Strukturoptimierungsproblems (SOP) ist die Strukturparametermethode (SPM). Sie beruht darauf, ein mathematisches Modell aufzubauen, das alle möglichen bzw. alle technologisch sinnvollen Strukturen und somit auch die optimale Struktur enthält.

1. Die Strukturparametermethode

Das zu betrachtende System bestehe aus N Teilsystemen (TS). Das i-te TS ist durch folgende Vektoren charakterisiert (Abb. 1):

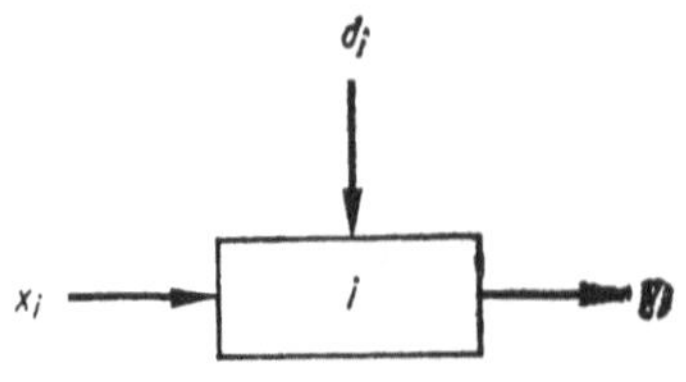

Abb. 1 i-tes TS

x_i beschreibt den Eintrittszustand in das i-te *TS*,
y_i beschreibt den Austrittszustand aus dem i-ten *TS*,
d_i ist der Auslegungsvektor des i-ten *TS*

Komponenten der Zustandsvektoren können z.B. Massen- und Enthalpieströme und Temperaturen sein. Der Auslegungsvektor umfaßt im allgemeinen Parameter, die den Apparatetyp und die Fahrweise des TS i bestimmen.

Die Umwandlungen, die sich im i-ten TS vollziehen, mögen durch folgende Modellgleichung beschrieben werden:

$$y_i = g_i(x_i, d_i),\ i = 1(1)N. \tag{1}$$

Die mathematische Darstellung der Struktur wird durch Einführung sogenannter Strukturparameter (SP) C_{ij} ermöglicht. Der SP C_{ij} bestimmt den Anteil des Austrittsstromes aus dem *TS* j, der in das TS i eingeht.

Die SP C_{ij} müssen folgenden Nebenbedingungen (NB) genügen:

$$0 \leq C_{ij} \leq 1, \quad i = 1(1)N,\ j = 1(1)N, \tag{2}$$

$$\sum_{i=1}^{N} C_{ij} = 1,\ j = 1(1)N. \tag{3}$$

Um den Eintrittsstrom des TS i zu bestimmen, muß über die Anteile aller Austrittsströme summiert werden, die ins TS i eingehen. Es ergeben sich folgende Kopplungsbeziehungen:

$$x_i = \sum_{j=1}^{N} C_{ij}\, y_j, \quad i = 1(1)N, \tag{4}$$

die durch Abb. 2 veranschaulicht werden.

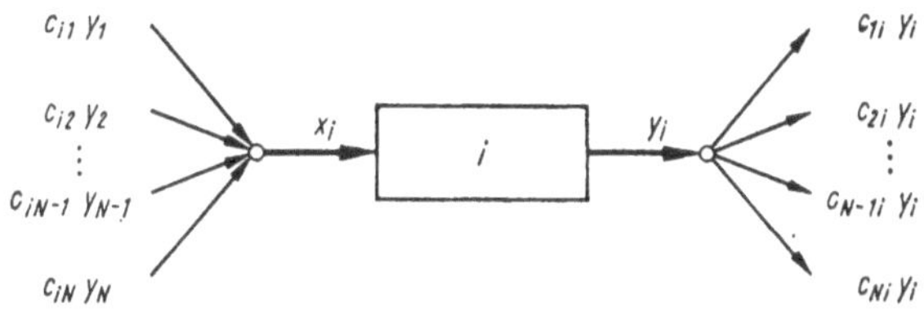

Abb. 2 Zusammensetzung des Eintrittsstromes in das i-te TS sowie Aufteilung des Austrittsstromes aus dem i-ten TS

Die Zielfunktion (ZF) des Optimierungsproblems setzt sich additiv aus Anteilen zusammen, die den einzelnen TS'en zugeordnet sind und oftmals Kosten oder Gewinn darstellen. Folgende ZF sei zu minimieren:

$$F = \sum_{i=1}^{N} f_i(x_i, y_i, d_i, C_{1i}, C_{2i}, \ldots, C_{Ni}). \tag{5}$$

Bei manchen Systemen ergibt sich die zusätzliche Forderung, daß alle oder einige SP C_{ij} nur die Werte 0 oder 1 annehmen dürfen. Beziehung (4) sagt dann aus, daß der Eintrittsstrom x_i in das i-te TS gleich dem Austrittsstrom aus genau einem TS j ist.

Vorteile der SPM sind folgende:

- Durch die Einführung der SP sind im Modell alle möglichen oder alle technologisch sinnvollen Strukturen des Gesamtsystems erfaßt. Darunter befindet sich auch die optimale Struktur.

- Während viele bisher bekannte Methoden zur Behandlung des SOP nur auf spezielle Systeme anwendbar sind, ist die SPM nicht an spezielle Systeme gebunden. Sie kann sowohl bei homogenen als auch bei heterogenen Systemen angewendet werden.

Nachteile der SPM sind folgende:

- Durch die Einführung der SP kann die Dimension des OP sehr groß werden.
- Die sich ergebende optimale Struktur kann kompliziert sein, wenn die Kosten für die Realisierung der Verbindungen zwischen den einzelnen TS'en (z.B. für Rohrleitungen) nicht mit in die ZF aufgenommen werden.

2. *Lösungsmöglichkeiten des Strukturoptimierungsproblems*

Eine erste Möglichkeit besteht darin, das SOP global – über alle Optimierungsvariablen auf einer Ebene – zu lösen [1]. Andere Lösungsmöglichkeiten beruhen auf verschiedenen Dekompositionsmethoden ([2], [3]) oder auf evolutionären Suchmethoden, wie z.B. die Methode „ESOS" [4].

Im weiteren wird auf die Anwendung von Dekompositionsprinzipien eingegangen. Eine Dekomposition, d.h. eine Zerlegung des globalen Optimierungsproblems in Teiloptimierungsprobleme (TOP), kann nach folgenden Gesichtspunkten vorgenommen werden:

- Zerlegung des komplexen verfahrenstechnischen Systems in Teilsysteme unter Verwendung zusätzlich eingeführter Koordinationsvariablen oder
- Zerlegung des Variablenraumes X in X_1 und X_2 ($X_1 \cup X_2 = X$, $X_1 \cap X_2 = \emptyset$), wobei auf der ersten Ebene bez. $x_1 \in X_1$ und auf der zweiten Ebene bez. $x_2 \in X_2$ optimiert wird.

Zu den erstgenannten Dekompositionsprinzipien können das Wechselwirkungsvorhersageprinzip (WWVP) sowie die Sattelpunktsbestimmung der Lagrangefunktion gezählt werden [2].

Beim WWVP wird eine Auftrennung der Kopplungen zwischen den Teilsystemen dadurch erreicht, daß Variablen, welche die Eintrittsströme in die TS beschreiben, als Koordinationsvariable betrachtet werden und auf der ersten Ebene festgelegt sind. Bei der Sattelpunktsbestimmung der Lagrangefunktion werden die Multiplikatoren als Koordinationsvariable betrachtet.

Eine Dekomposition durch Aufteilung des Variablenraumes wird am Beispiel eines Wärmeübertragungssystems (WÜS) und einer Anlage zur Benzolchlorierung demonstriert.

3. *Strukturoptimierung eines Wärmeübertragungssystems*

3.1. Beschreibung des Modells eines Wärmeübertragungssystems

Es seien N kalte Ströme (KS) von einer vorgegebenen Anfangstemperatur auf eine vorgegebene Endtemperatur aufzuheizen sowie l_0 heiße Ströme (HS) von einer vorgegebenen Anfangstemperatur auf eine vorgegebene Endtemperatur abzukühlen. Weiterhin stehen zusätzliche Geräte für Schlußerwärmung (SE) sowie für Schlußkühlung zur Verfügung.

Der i-te KS kann in maximal l_i Wärmeübertragern (WÜ) mit Hilfe der HS aufgeheizt werden (Abb. 3). Es werden hier WÜ vorausgesetzt, die im Gegenstromprinzip arbeiten. Der j-te WÜ für den i-ten KS wird als WÜ (i, j) bezeichnet. Der WÜ (i, j) wird durch die Temperaturen T_{ij-1}, T_{ij}, R_{ij} und S_{ij} charakterisiert, welche die Ein- bzw. Austrittstemperaturen des KS bzw. des HS darstellen (Abb. 3).

Während der Durchlauf der KS durch das WÜS fest vorgegeben ist, ist nicht festgelegt, in welchen WÜ ein HS Wärme austauscht und in welcher Reihenfolge die WÜ durchlaufen werden. Die Bestimmung des Durchlaufs der HS durch das WÜS ist eines der Ziele der Optimierung.

Es werden fiktive WÜ (0, 1) bis $(0, l_0)$ eingeführt, um die Anfangstemperaturen der l_0 HS sinnvoll in das Gesamtsystem einzuführen. In dem fiktiven WÜ $(0, j)$ vollzieht sich kein Wärmeaustausch, d.h. $R_{0j} = S_{0j}$ (Abb. 3).

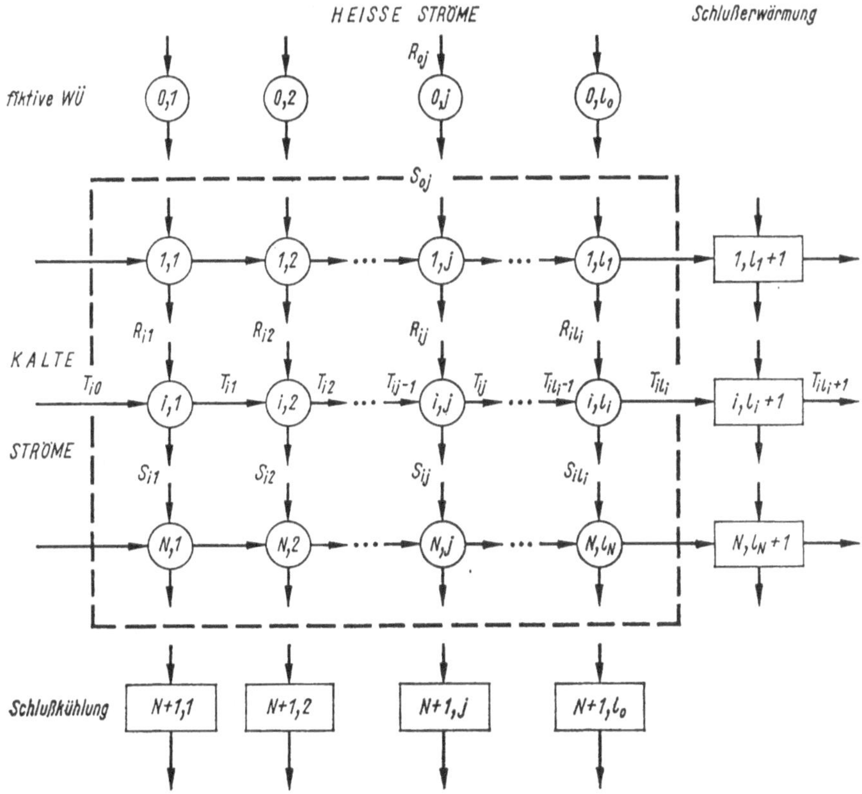

Abb. 3 Modellskizze des WÜS

3.2. Erläuterung des mathematischen Modells

Das Ziel der Strukturoptimierung des WÜS besteht darin, die KS und die HS so einander zuzuordnen und die Flächen der einzelnen WÜ so auszulegen, daß die Kosten für das Gesamtsystem minimal werden. Als Zielfunktion (ZF) dienen die Gesamtkosten für das WÜS, die sich als Summe von Festkosten und variablen Kosten darstellen lassen und zu minimieren sind (Abb. 3).

Als Modellgleichungen für einen WÜ werden die Berechnungsformel für die Wärmeübertragungsfläche sowie die Wärmebilanzgleichung benutzt:

$$F_{ij} = \frac{(WC_p)_{ij}}{k_{ij}\left(1 - \frac{(WC_p)_{ij}}{(wc_p)_i}\right)} \cdot \ln \frac{R_{ij} - T_{ij}}{S_{ij} - T_{ij-1}} \text{ für } (WC_p)_{ij} \neq (wc_p)_i, \quad (6)$$

$$T_{ij} = \frac{(WC_p)_{ij}}{(wc_p)_i} \cdot (R_{ij} - S_{ij}) + T_{ij-1}, \quad (7)$$

$i = 1(1)N$ und $j = 1(1)\, I_i$.

Zur Beschreibung des Durchlaufes der HS durch das WÜS dienen die Kopplungsbeziehungen:

$$R_{ij} = \sum_{k=0}^{N} \sum_{l=1}^{l_k} C_{ik}^{jl} S_{kl}, \quad i = 1(1)N,\ j = 1(1)l_i. \quad (8)$$

Die SP C_{ik}^{jl} müssen folgenden NB genügen:

$$C_{ik}^{jl} = \begin{cases} 1, \text{ wenn der HS aus dem WÜ } (k, l) \text{ in den WÜ } (i, j) \text{ eintritt,} \\ 0 \text{ sonst,} \end{cases} \quad (9)$$

$$\sum_{i=1}^{N} \sum_{j=1}^{l_i} C_{ik}^{jl} \leq 1, \quad k = 0(1)N,\ l = 1(1)l_k, \quad (10)$$

$$\sum_{k=0}^{N} \sum_{l=1}^{l_k} C_{ik}^{jl} = 1, \quad i = 1(1)N,\ j = 1(1)l_i. \quad (11)$$

Die NB (10) fordert, daß der aus dem WÜ (k, l) austretende HS entweder in genau einen anderen WÜ des Gesamtsystems eintritt oder das WÜS verläßt (analog NB (11)).

Würde man von der Ganzzahligkeitsforderung (9) absehen, so könnten Vermischungen der qualitativ unterschiedlichen HS auftreten. Bei der Auswahl des Optimierungsalgorithmus muß berücksichtigt werden, daß bei diesem WÜS stets zuerst die Struktur festgelegt werden muß, bevor das WÜS optimal ausgelegt werden kann.

3.3. Lösung des Strukturoptimierungsproblems für das Wärmeübertragungssystem

Als Lösungsmethode für das nichtlineare gemischt-ganzzahlige 0-1-Optimierungsproblem wird ein Zweiebenenalgorithmus vorgeschlagen, der dem oben angegebenen zweiten Dekompositionstyp entspricht. Auf der ersten Ebene wird bei vorgegebenen ganzzahligen SP über die stetigen Auslegungsvariablen optimiert. Darauf soll hier nicht weiter eingegangen werden; die optimale Auslegung des WÜS stellt ein Problem für sich dar.

Auf der zweiten Ebene wird die Struktur mittels eines Algorithmus verbessert, dessen Grundgedanke darin besteht, daß aufbauend auf einer bestimmten Anzahl von Strukturen und deren ZF-Werten das nichtlineare OP näherungsweise auf (lineare) Zuordnungsprobleme zurückgeführt werden kann.

Der Algorithmus auf der zweiten Ebene soll hier kurz vorgestellt werden.

Zunächst sei dafür das Problem allgemein formuliert. Eine Struktur S sei durch folgende Beziehungen festgelegt:

$$C_{ij} = \begin{cases} 1, & \text{wenn ein Strom von TS}j \text{ zum TS}i \text{ geht,} \\ 0 & \text{sonst,} \end{cases} \tag{12}$$

$$\sum_{i=1}^{m} C_{ij} \leq 1, \tag{13}$$

$$\sum_{j=1}^{n} C_{ij} = 1, \tag{14}$$

$$i = 1(1)m,\ j = 1(1)n,\ m \leq n.$$

Eine ZF f, die von allen SP abhängt, sei zu minimieren:

$$f(S) = \min! \tag{15}$$

Die Struktur kann in einer Matrix eindeutig festgelegt werden. NB (12) und (13) bedeuten, daß in jeder Spalte höchstens eine „1“ steht, sonst „0“ (analog (12) und (14)).

An dieser Stelle sollen einige theoretische Untersuchungen kurz angeführt werden.

Es seien K Strukturen S_l mit den SP C_{ij}^l, $l = 1(1)K$, gegeben. Folgende Bezeichnungen werden eingeführt:

$$h_{\nu\mu} = \sum_{l=1}^{K} C_{\nu\mu}^l, \tag{16}$$

$h_{\nu\mu}$ ist die Häufigkeit, bei wievielen der K Strukturen der SP $C_{\nu\mu}^l = 1$ ist.

$$SZ_{\nu\mu} = \sum_{l=1}^{K} C_{\nu\mu}^l\, f(S_l), \tag{17}$$

$SZ_{\nu\mu}$ ist die Summe der ZF-Werte derjenigen Strukturen, deren SP $C_{\nu\mu}^l = 1$ ist.

$$ds_{\nu\mu} = \frac{SZ_{\nu\mu}}{h_{\nu\mu}}, \tag{18}$$

$ds_{\nu\mu}$ ist der durchschnittliche ZF-Wert für das Element $C_{\nu\mu}^l$ der Strukturmatrix.

Unter den Voraussetzungen

a) einer linearen ZF $f(S_l) = \sum_{i=1}^{m} \sum_{j=1}^{n} b_{ij} C_{ij}^l, \quad l = 1(1)K$ (19)

und

b) der Betrachtung *aller* möglichen Strukturen läßt sich die Beziehung (20) herleiten:

$$ds_{\nu\mu}^* = \frac{1}{n-1}\left[n b_{\nu\mu} - \sum_{j=1}^{n} b_{\nu j} - \sum_{i=1}^{m} b_{i\mu} + B\right], \tag{20}$$

wobei $B = \sum_{i=1}^{m} \sum_{j=1}^{n} b_{ij}$ eine Konstante bez. (ν, μ) ist. Dann läßt sich folgender Satz beweisen:

Satz: Unter den Voraussetzungen a) und b) besitzt das OP mit der ZF

$$\sum_{i=1}^{m} \sum_{j=1}^{n} ds_{ij}^* \cdot C_{ij} = \min! \tag{21}$$

und den NB (12), (13), (14) die gleichen Optimallösungen wie das Ausgangs-OP.

Geht man von den Voraussetzungen a) und b) ab, so bestimmt man Näherungswerte für ds_{ij}^* in (21) nach Formel (18). Somit bestimmt man eine Näherungslösung für das nichtlineare gemischtganzzahlige 0-1-OP durch Beschaffung von Teilinformationen über das OP (K Strukturen und deren ZF-Werte) und anschließender Lösung von linearen Ersatz-OP.

Die Vorgehensweise kann so interpretiert werden, daß man die Funktion $f(S)$ in eine Taylorreihe entwickelt, die nach dem linearen Anteil abgebrochen wird. Anhand des Restgliedes kann untersucht werden, inwieweit diese Linearisierung sinnvoll ist.

4. Strukturoptimierung einer Benzolchlorierungsanlage

4.1. Beschreibung des Modells einer Benzolchlorierungsanlage

Die Aufgabe dieses verfahrenstechnischen Systems besteht darin, Benzol in Monochlorbenzol umzuwandeln, wobei als Nebenprodukt Dichlorbenzol entsteht. Die Umwandlung des Benzols vollzieht sich in einem Reaktorsystem, das aus zwei Reaktoren besteht. Die Stromführung im Reaktorsystem ist noch nicht vorgegeben. Hierzu werden wieder SP eingeführt. Das aus dem Reaktorsystem austretende Dreistoffgemisch wird in zwei Kolonnen destillativ getrennt. Um die Ströme auf die erforderlichen Temperaturen zu bringen, stehen WÜ zur Verfügung. Das in den Destillationskolonnen abgetrennte Monochlor- und Dichlorbenzol wird dem System entnommen. Das nicht umgewandelte Benzol wird als Rezirkulationsstrom in das Reaktorsystem zurückgeführt. Der Rezirkulationsstrom kann noch zur Aufheizung des aus dem Reaktorsystem austretenden Dreistoffgemisches verwendet werden. Die Abb. 4 zeigt die Benzolchlorierungsanlage und die im mathematischen Modell auftretenden unabhängigen Variablen.

4.2. Erläuterung des mathematischen Modells

Ein Strom wird jeweils durch vier Komponenten beschrieben, wobei die ersten drei Komponenten die Molenströme der Stoffe A = Benzol, B = Monochlorbenzol, C = Dichlorbenzol und die vierte Komponente den Wärmestrom darstellen.

Als unabhängige Variablen für das Reaktorsystem dienen die SP C_{32} und C_{43} sowie die Verweilzeiten t_1 und t_2 in den beiden Reaktoren, für das WÜS der SP C_{28} sowie die Austrittstemperatur S aus dem WÜ und für die Kolonnen die Kopfrücklaufverhältnisse v_1 und v_2 (Abb. 4).

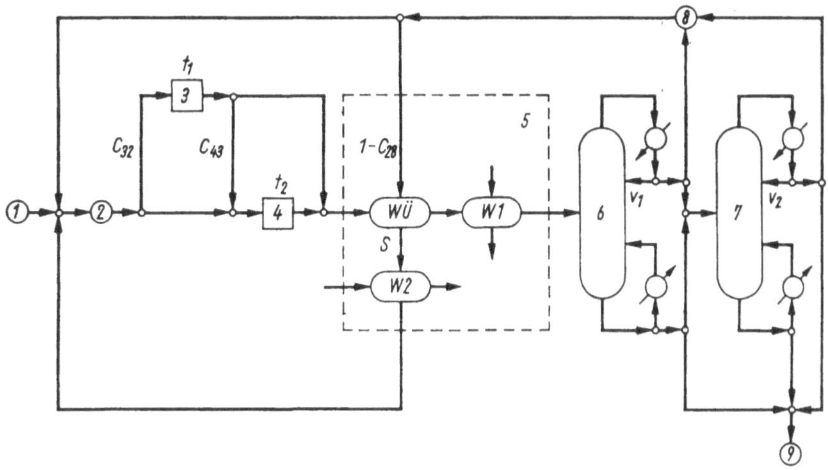

Abb. 4 Benzolchlorierungsanlage
1 Eingang; 2 Sammler am Eingang; 3 1. Reaktor; 4 2. Reaktor; 5 Wärmeübertragungssystem; 6 1. Kolonne; 7 2. Kolonne; 8 Sammler des Rezirkulationsstromes; 9 Ausgang

4.3. Lösung des Strukturoptimierungsproblems für die Benzolchlorierungsanlage

Bei diesem heterogenen verfahrenstechnischen System kann man in dem Sinne dekomponieren, daß durch Vorgabe einiger unabhängiger Variablen die TS getrennt voneinander optimiert werden können. In diesem Fall kann dies durch Vorgabe der unabhängigen Variablen des Reaktorsystems erreicht werden.

Auf der ersten Ebene werden das WÜS und die beiden Kolonnen unabhängig voneinander bei festen SP C_{32} und C_{43} sowie bei festen Verweilzeiten t_1

und t_2 optimiert. Es ergeben sich drei Teil-OP: für das WÜS ein OP mit zwei unabhängigen Variablen und für die beiden Kolonnen je ein OP mit einer unabhängigen Variablen. Auf der zweiten Ebene erfolgt die Koordination bez. der unabhängigen Variablen des Reaktorsystems.

5. Zusammenfassung

Es wurden einige Dekompositionsmöglichkeiten vorgestellt, die bei der Strukturoptimierung von komplexen verfahrenstechnischen Systemen angewendet werden können. Eine Anwendung der beiden erstgenannten aus der Literatur entnommenen Dekompositionsmethoden auf das WÜS bzw. die Benzolchlorierungsanlage wurde nicht vorgenommen.

Gründe dafür sind die Einführung zusätzlicher Koordinationsvariablen; beim WWVP kommt hinzu, daß i.a. nicht die optimale Lösung des globalen OP gefunden wird; bei der Sattelpunktbestimmung der Lagrangefunktion muß die Existenz eines Sattelpunktes gesichert sein; außerdem müssen die Lagrangeschen Multiplikatoren günstig vorgegeben werden.

Zur Strukturoptimierung der beiden vorgestellten speziellen verfahrenstechnischen Systeme wurden zwei Dekompositionsmethoden herangezogen, die durch günstige Aufteilung des Variablenraumes keine zusätzlichen Koordinationsvariablen benötigen.

Literatur

[1] UMEDA, HIRAI, ICHIKAWA: Chem. Engng. Sci., 1972, (27), 795–804.

[2] OSAKADA, FAN: Can. J. of Chem. Engng., 1973, (51), 94–101.

[3] UMEDA, SHINDO, ICHIKAWA: Chem. Engng. Sci., 1974, (29), 2033–2040.

[4] ICHIKAWA, FAN: Chem. Engng. Sci. 1973, (28), 357–373.

J. Leopold, H. Gründemann, W. Totzauer

Kontinuumsmechanische Methoden zur Modellierung des Spanbildungsvorganges

1. Einleitung

Von den Forschungsergebnissen der Fertigungstechnik wird zunehmend erwartet, daß sowohl Maßnahmen zur Reduzierung der Fertigungskosten der eingesetzten Energie und des Materialverbrauches abgeleitet werden als auch den ständig steigenden Forderungen nach Erhöhung der Qualität der Erzeugnisse Rechnung getragen wird. Die Qualität und damit die Gebrauchsgüte von bearbeiteten Teilen hängt u.a. entscheidend von der Oberflächenbeschaffenheit ab. So wirkt sich der nach der spanenden Bearbeitung veränderte Zustand der Oberflächenschicht, d.h. die in ihr verbleibenden Spannungen, die Stärke der verfestigten Schicht und die eingetretenen Gefügeveränderungen auf die mechanischen Eigenschaften des Bauteiles und damit auf dessen Lebensdauer sowie Zuverlässigkeit aus [1].

Zum anderen erfordert die ständig steigende Erhöhung der Arbeitsgeschwindigkeiten der Maschinen eine verstärkte Automatisierung der Bearbeitungsvorgänge. Die Tatsache, daß die Kenntnisse über die Fertigungsverfahren größtenteils empirisch gewonnen wurden und phänomenologischen Charakter tragen, wirkt sich somit erschwerend auf die Bildung eines möglichst viele Seiten des Spanbildungsvorganges beschreibenden Modells aus. Weiterhin hat eine Verbesserung der Modellbildung großen Einfluß auf die bessere Beherrschung von Meßaufgaben in komplizierten Fertigungssystemen. Nach Einschätzung des VII. IMEKO-Kongresses [2] wird die Gewinnung größerer a-priori-Kenntnisse über das zu steuernde Objekt immer noch unterschätzt. Hinzu kommt, daß seitens der CIRP [3] eine Prognostizierung der Zukunft der Fertigungstechnik ergab, daß um 1985 mit einer vollständigen on-line-Automatisierung und Optimierung kompletter Fertigungsbetriebe zu rechnen ist. Weitere Tendenzen könnten die Notwendigkeit einer Verstärkung der Grundlagenforschung auf dem Gebiete der spanenden Bearbeitung belegen.

2. Methoden der Modellierung des Spanbildungsvorganges

Abb. 1 zeigt wesentliche Kenngrößen im Prozeß der Spanbildung. Unter den Eingangsgrößen $Y_i(x)$ dienen Schnittgeschwindigkeit, Vorschub und Schnitttiefe als steuerbare Prozeßgrößen. Meßgrößen zur Charakterisierung der Spanbildung sind oft die Ausgangsgrößen Kräfte, Spanstauchung und Temperatur.

In einfachen Spanbildungsmodellen wird eine Konstanz der Materialkennwerte und auch der Werkzeuggeometrie während der Bearbeitung vorausgesetzt, so daß die Zustandstransformation entfällt. Erschwerend wirkt sich auf eine umfassende Modellbildung der nichtlineare Charakter des Stoffgesetzes aus. Historisch gesehen und auf eine einfache praktische Handhabung ausgerichtet, dominiert die technologische Modellbildung. Hierzu gehören die Schnittkraftgleichungen nach KRONENBERG und KIENZLE sowie die Berechnung des Standzeitverhaltens nach TAYLOR. Gegenwärtig werden Erweiterungen z.B. für Probleme der Feinbearbeitung vorgenommen, sowie Schnittwertspeicher für eine Vielzahl von Werkstoff/Werkzeugpaarungen und unterschiedliche Schnittbedingungen angewendet [4, 5]. Grundlegende Erkenntnisse zum Elementarvorgang sind mit dieser Methode nicht mehr möglich. Lediglich die Verfahren zum Aufstellen der nötigen Richtwerte haben sich den modernen technischen Möglichkeiten und mathematischen Verfahren angepaßt [6].

Eine genauere Beschreibung der im Zerspanungsprozeß ablaufenden Vorgänge gewinnt man durch eine breitere Anwendung naturwissenschaftlich-mathematischer Erkenntnisse.

Zu den Verfahren der elementaren Theorie, die Lösungen über Gleichgewichtsbedingungen ermitteln, gehören Gleitlinienmodelle. Hierbei kann zwischen jenen Modellen unterschieden werden, die den realen Spanbildungsvorgang experimentell (z.B. mittels Visioplastizität, Moiréverfahren) untersuchen und solchen, die vereinfachte Gleitlinienfelder unter Beachtung gültiger Randbedingungen zu Hilfe nehmen. Zweckmodelle haben den Vorteil, zu praktisch verwendbaren analytischen Beziehungen zu gelangen, die für eine Steuerung des Vorganges von großer Wichtigkeit sind.

In jüngster Zeit wurde der Spanbildungsvorgang mit Hilfe von Extremalprinzipien modelliert, die auf Energiebetrachtungen basieren. Es läßt sich zeigen, daß die Gleitlinienlösung stets eine gute Näherung darstellt [7].

Eine Einbeziehung des viskosen Materialverhaltens im Gesamtbereich der Spanbildung (Globale-Fließmodelle) bzw. lediglich zur
Beschreibung der Fließschicht an der Spanunterseite (lokale-Fließmodelle) erweitert den Gültigkeitsbereich der Spanmodelle.

Der gegenwärtige Stand der Modellierung des Vorganges der Spanbildung zum Zwecke einer Steuerung bzw. Regelung beruht größtenteils auf Faustformeln für Kräfte und Temperaturen. Diese statischen Beziehungen werden „dynamisiert", indem Vorschub bzw. Schnittiefe zu Zeitfunktionen werden. Neuerdings werden Simulationsmethoden angewendet, die Werkstoffprüfung unter Zerspanungsbedingungen und numerische Modellberechnungen in wechselseitiger Abhängigkeit vornehmen [8].

Ein Modell, welches bereits den wichtigsten Forderungen genügt, ist bis jetzt noch nicht entwickelt. Diese lauten:

1. durch die Kenntnis der mechanischen und thermischen Belastungen auf den Werkzeugverschleiß (IST-Zustand und Verschleißfortschritt) zu schließen;

2. durch gezielte Beeinflussung der Zerspanungsresteigenspannungen in den bearbeiteten Oberflächen die Lebensdauer und die Zuverlässigkeit der erzeugten Teile zu verbessern;
3. dadurch aufbauend, Möglichkeiten zur effektiven Steuerung von Prozessen der spanenden Bearbeitung zu finden.

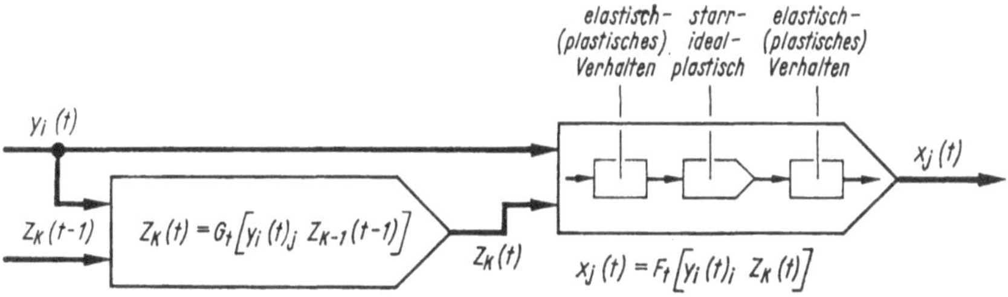

Abb. 1 Kenngrößen im Prozeß der Spanbildung

Eingangsgrößen $y_i(t)$ i $y_i(t)$	Zustandsgrößen $z_k(t-1)$ K $z_k(t-1)$	Ausgangsgrößen $x_j(t)$ j $x_j(t)$
1 Werkstückgeometrie	1 Globale Materialkennwerte	1 Kräfte
2 Schnittgeschwindigkeit	E-Modul	2 Spanstauchung
3 Vorschub	Possionzahl	3 Energie
4 Spantiefe	Schubfließgrenze	4 Oberfläche – Gestalt
5 Kühlung, Schmierung	Viskosität	– Beschaffenheit
6 Statische und dynamische Steifigkeit des Systems Maschine – Werkzeug – Werkstück	2 Geometrie des Werkzeuges	– Verhalten
7 Werkstoff des Werkstückes	Schneidenrundung	7 Spanablaufgeschwindigkeit
8 Werkstoff des Werkzeuges	Aufbauschneide	8 Kontaktlänge
	Freiflächenverschleiß	9 Temperatur
	3 Versetzungsdichte	
	4 Eigenspannungsverteilung	
	5 Verfestigung	

Das hat seine Ursachen in der großen Anzahl der bei einer praktischen Modellbildung zu berücksichtigenden Kenngrößen (Abb. 1). Zur Reduzierung dieser Vielfalt werden zunächst folgende Vereinfachungen und Annahmen getroffen:

Die Untersuchungen werden

1. für Verfahren mit geometrisch bestimmter Schneide (Drehen, Hobeln, Fräsen, Bohren),
2. bei stationären bzw. quasistatischen Bearbeitungsbedingungen (Fließspanbildung) und
3. unter den Bedingungen eines ebenen Deformationszustandes (freier Schnitt)

durchgeführt.

Bisherige Untersuchungen [9] zeigten, daß der in der Praxis auftretende gebundene Schnitt (räumlicher Deformationszustand) infolge des großen Verhältnisses zwischen Spanungsbreite und Spanungsdicke näherungsweise durch den ebenen Deformationszustand ersetzt werden kann.

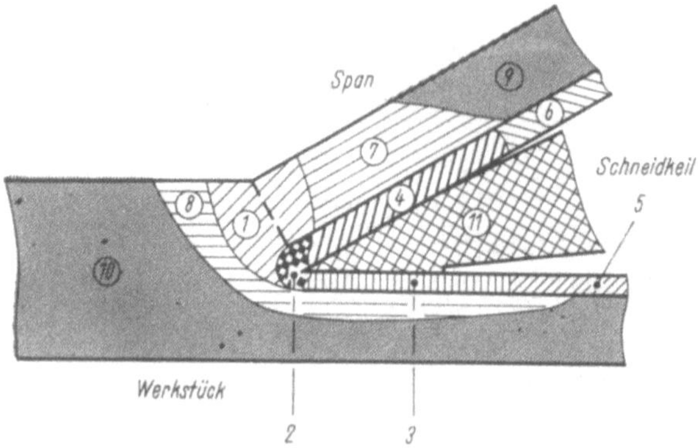

Abb. 2 Prinzipskizze des Zerspanungsvorganges mit Zoneneinteilung

1 Scherzone (plastisches Gebiet der Spanabscherung)
2 plastische Zone um die Meißelspitze
3 Fließschicht an der Freifläche (mit mögl. Verschleiß)
4 Fließschicht Span-Werkzeug
5 Oberflächenschicht im Werkstück (Restspannungen)
6 Schicht an Spanunterseite
7 elastisch-plastisches Übergangsgebiet im Span
8 elastisch-plastisches Übergangsgebiet im Werkstück
9 eigentlicher Span
10 Werkstück (elastisches Verhalten)
11 Schneidkeil

In Abhängigkeit der mechanischen und thermischen Belastungen scheint es zweckmäßig, folgende Zonen im Bereich der Werkzeugschneide zu unterscheiden (s. Abb. 2). Besondere Beachtung wurde dabei bisher der Zone 1 (d.h. der Scherzone bzw. im Rahmen des Gleitlinienmodells der Scherebene) sowie dem Gebiet der Fließschichten (Zone 2 und 3) gewidmet.

3. *Kontinuumsmechanische Modelle*

3.1. Grundgleichungen

Für die kontinuumsmechanische Beschreibung des elastisch-plastischen Verhaltens fester Körper wird ein Euklidscher Raum als Betrachtungsgrundlage gewählt. Vorerst werden ebene Verzerrungszustände des statischen und stationären Falles bei Vernachlässigung von Volumenkräften behandelt. Aus Abb. 3 sind die gewählten Bezeichnungen zu entnehmen.

In einem rechtwinkligen (x_1, x_2)-Koordinatensystem nehme der elastisch plastische Körper das Gebiet Ω ein, dessen stückweise glatter Rand mit Γ bezeichnet wird.

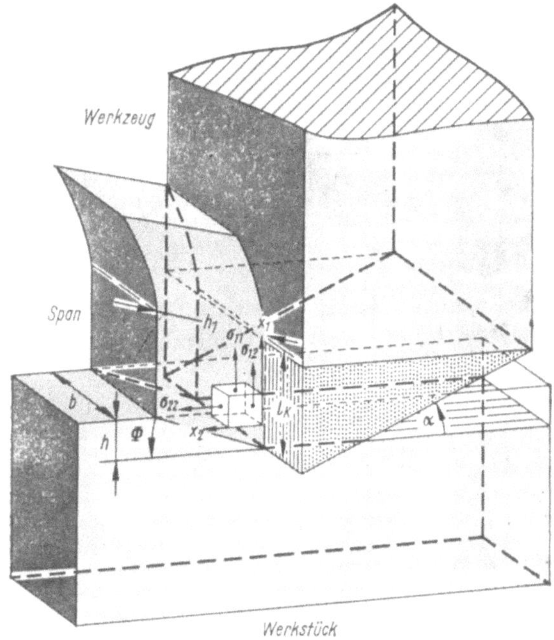

Abb. 3 Spanbildungsvorgang beim Orthogonalprozeß

Folgende physikalische Größen werden benötigt:

$P = \begin{pmatrix} \sigma_{11} \\ \sigma_{22} \\ \sigma_{12} \end{pmatrix}$ vektorielle Darstellung der Größen des Spannungstensors

$Q = \begin{pmatrix} \varepsilon_{11} \\ \varepsilon_{22} \\ \varepsilon_{12} \end{pmatrix}$ vektorielle Darstellung der Größen des Verzerrungstensors

$U = \begin{pmatrix} U_1 \\ U_2 \end{pmatrix}$ Verschiebungsvektor

$\overline{U} = \begin{pmatrix} \overline{U_1} \\ \overline{U_2} \end{pmatrix}$ vorgegebener Verschiebungsvektor

$V = \begin{pmatrix} V_1 \\ V_2 \end{pmatrix}$ Geschwindigkeitsvektor

$$R = \begin{pmatrix} r_1 \\ r_2 \end{pmatrix} \quad \text{Vektor der äußeren Oberflächenkräfte}$$

Zur Beschreibung der grundlegenden Zusammenhänge zwischen diesen Größen sind einige Bezeichnungen nützlich:

$$B = \begin{pmatrix} \frac{\partial}{\partial x_1} & 0 \\ 0 & \frac{\partial}{\partial x_2} \\ \frac{\partial}{\partial x_2} & \frac{\partial}{\partial x_1} \end{pmatrix} \quad N = \begin{pmatrix} \nu_1 & 0 \\ 0 & \nu_2 \\ \nu_2 & \nu_1 \end{pmatrix} \quad T_1 = \begin{pmatrix} 1 & 0 & 0 \\ 0 & 1 & 0 \\ 0 & 0 & 2 \end{pmatrix} \quad T_2 = \begin{pmatrix} 1 & 1 & 0 \\ 1 & 1 & 0 \\ 0 & 0 & 0 \end{pmatrix}$$

$\nu = (\nu_1, \nu_2)$ – Richtungsvektor der äußeren Normalen an Γ $\quad I = \begin{pmatrix} 1 & 0 & 0 \\ 0 & 1 & 0 \\ 0 & 0 & 1 \end{pmatrix}$

$$D_{el} = \frac{E}{(1+\nu)(1-2\nu)} \begin{pmatrix} 1-\nu & \nu & 0 \\ \nu & 1-\nu & 0 \\ 0 & 0 & \frac{1-2\nu}{2} \end{pmatrix} \quad \begin{array}{l} E \text{ – Elastizitätsmodul} \\ \nu \text{ – Querkontraktionszahl} \end{array}$$

Zum weiteren werden folgende Grundgleichungen benutzt:

1. Statisches Kräftegleichgewicht am Volumenelement:

$$\left.\begin{array}{l} \frac{\partial \sigma_{11}}{\partial x_1} + \frac{\partial \sigma_{12}}{\partial x_2} = 0 \\ \frac{\partial \sigma_{12}}{\partial x_1} + \frac{\partial \sigma_{22}}{\partial x_2} = 0 \end{array}\right. \quad \text{oder } B^T P = 0 \text{ in } \Omega. \tag{1}$$

2. Verzerrungs-Verschiebungsbeziehungen (Kompatibilität-infinitesimale Theorie)

$$\varepsilon_{ij} = \frac{1}{2}\left(\frac{\partial u_j}{\partial x_i} + \frac{\partial u_i}{\partial x_j}\right) \text{ oder } Q = BU \text{ in } \Omega. \tag{2}$$

$$i, j = 1, 2$$

3. Spannungs-Dehnungsbeziehungen nach Prandtl-Reuss

$$dP = DdQ \quad \text{mit } D = D_{el} + D_{pl} \tag{3}$$

und $D_{pl} = -\frac{1}{S} P'(P')^T \quad P' = (I - \frac{1}{3} T_2)P.$

Für S gilt:

$\frac{1}{S} = 0$ im elastischen Bereich

$S = \frac{2}{3}\sigma_v^2 \left(\frac{2(1+\nu)}{3E} H' + 1\right)$ im plastischen Bereich

$H' = \frac{dH}{d\varphi}$ – plastischer Tangentenmodul

σ_v – Vergleichsspannung
φ – Umformgrad

4. Fließbedingung und Verfestigungsgesetz

$$\frac{3}{2}(T_1 P', P') = \sigma_v^2 \tag{4}$$

$$\sigma_v = H(\varphi) \text{ mit } \varphi = \int \sqrt{\frac{2}{3}(dQ_{pl}, dQ_{pl})} \tag{5}$$

dQ_{pl} – plastische (bleibende) Dehnungsänderungen.
Aus der Beziehung (3) folgt für dQ_{pl}:

$$D_{el}^{-1}\, dP = dQ + D_{el}^{-1}\, D_{pl}\, dQ$$

$$dQ = D_{el}^{-1} dP + D_{el}^{-1} D_{pl} D^{-1} dP$$

und damit

$$dQ_{pl} = D_{el}^{-1} D_{pl} D^{-1} dP.$$

Außerdem gilt für die Fließschubspannung $k: k^2 = 3\,\sigma_v^2$.

5. Randbedingungen

Es sei $\Gamma = \Gamma_U \cup \Gamma_R$ und $\Gamma_U \cap \Gamma_R = \Lambda$.
Für die statischen Randbedingungen gilt

$$N^T P = R \quad \text{auf } \Gamma_R \tag{6}$$

und für die kinematischen Randbedingungen

$$U = \bar{U} \quad \text{auf} \quad \Gamma_U \tag{7}$$

3.2. Gleitlinienmodelle

Wie das Moirébild einer Spanwurzel (Abb. 10) zeigt, konzentrieren sich die Deformationen im wesentlichen auf einen schmalen Bereich in unmittelbarer Nähe der Scherlinie (Scherwinkel Φ). Hinzu kommt, daß beim quasistatischen Prozeß (stationärem Spanen) kein Wechsel von Be- und Entlastung vorliegt, so daß im Gebiet uneingeschränkten plastischen Fließens starr-ideal-plastisches Materialverhalten eine gute Näherung ist. Dies gestattet es, unter Vernachlässigung elastischer bzw. viskoser Anteile die MISESsche Spannungs-Deformationsbeziehung zu benutzen. Da gleichzeitig in diesem Bereich die Deformationsgeschwindigkeiten sehr groß sind (in [10] wurden Verformungsgeschwindigkeiten von 10^6 bis 10^8 sec^{-1} angegeben) wird die MISESsche Fließbedingung im gesamten plastischen Gebiet als gültig angesehen.

3.2.1. Theoretische Grundlagen

Bei starr-ideal-plastischem Materialverhalten ($H' = 0$) verhält sich der Körper nach Auferlegung einer äußeren Belastung zunächst bis zum Erreichen einer vom Werkstoff abhängigen Fließschubspannung k völlig starr.

Wird diese Fließschubspannung infolge der äußeren Belastung überschritten, so tritt uneingeschränktes plastisches Fließen des Materials ein. Ist das Gebiet $\Omega_0 \subset \Omega$ plastischen Fließens bekannt, so können die auftretenden Spannungen aus den Gleichungen (1) und (4) berechnet werden [11, 12, 13].

Den physikalischen Gegebenheiten entsprechend, wird für die Spannungen der folgende Ansatz vorgenommen

$$\begin{aligned} \sigma_{11} &= p + k \sin 2\theta, \\ \sigma_{22} &= p - k \sin 2\theta, \\ \sigma_{12} &= -k \cos 2\,\theta. \end{aligned} \tag{8}$$

Durch diesen Spannungsansatz wird die Fließbedingung (4) erfüllt und die zwei Gleichungen des Kräftegleichgewichtes (1) gehen in das folgende quasilineare Differentialgleichungssystem zur Berechnung der unbekannten Funktionen $p(x_1; x_2)$ und $\theta\,(x_1, x_2)$ über:

$$\frac{\partial p}{\partial x_1} + 2\,k\left(\frac{\partial \theta}{\partial x_1} \cos 2\theta + \frac{\partial \theta}{\partial x_2} \sin 2\theta\right) = 0, \tag{9.1}$$

$$\frac{\partial p}{\partial x_2} + 2\,k\left(\frac{\partial \theta}{\partial x_1} \sin 2\theta - \frac{\partial \theta}{\partial x_2} \cos 2\theta)\right) = 0. \tag{9.2}$$

Die Gl. (9) wurden unter der Voraussetzung abgeleitet, daß die Fließschubspannung k im gesamten Gebiet des uneingeschränkten plastischen Fließens konstant ist.

Soll der Einfluß der im realen Zerspanungsvorgang wirkenden Verfestigung berücksichtigt werden, muß eine von Christophersen [14] vorgenommene und von Palmer/Oxley [15] vollständig auf die Zerspanung angewendete veränderliche Fließschubspannung $k = k(x, y)$ berücksichtigt werden.

Eine Lösung dieses Dgl-Systems mittels des Charakteristikenverfahrens erscheint zweckmäßig, da, wie nachgewiesen werden kann, die charakteristischen Linien mit den Linien maximaler Schubspannungen (Gleitlinien) identisch sind. Für die zwei Scharen charakteristischer Linien (α-Linien und β-Linien) des Systems (9) gelten die Gleichungen

$$\begin{aligned} \frac{dx_2}{dx_1} &= \tan \theta, \\ \frac{dx_2}{dx_1} &= -\cot \theta. \end{aligned} \tag{10}$$

Außerdem gelten die Henckyschen Sätze

$$\begin{aligned} p + 2k\theta &= \text{const. längs jeder } \alpha\text{-Linie}, \\ p - 2k\theta &= \text{const. längs jeder } \beta\text{-Linie}. \end{aligned} \tag{11}$$

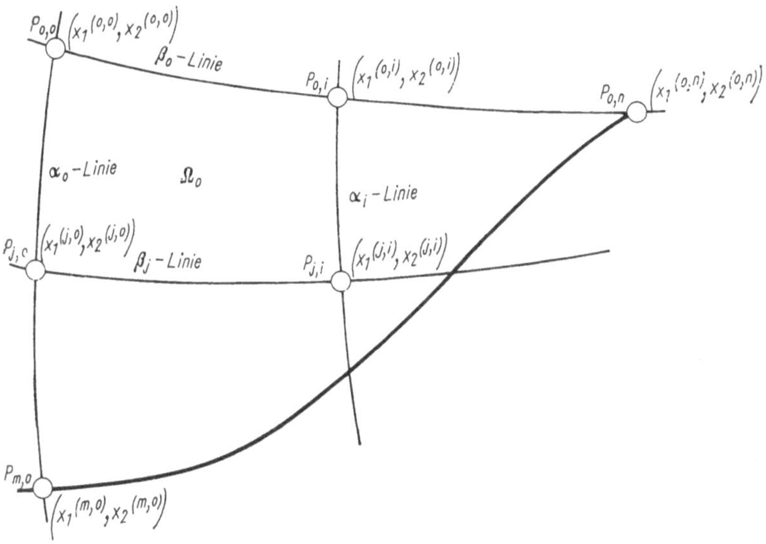

Abb. 4 Teil eines HENCKY-PRANDTL-Netzes gekrümmter Gleitlinien

Eine wichtige Eigenschaft der charakteristischen Linien ist ihre paarweise Orthogonalität, d.h. jede α-Linie der einen Schar schneidet jede β-Linie der anderen Schar unter einem rechten Winkel.

Physikalisch kann die Unbekannte θ über die charakteristischen Gleichungen (10) interpretiert werden, und zwar ist θ (x_1, x_2) der Winkel, den die Tangente an die Linie maximaler Schubspannung im Punkte P_1 $(x_{11}; x_{21})$ mit der positiven x_1-Achse bildet.

Aus dem Spannungsansatz (6) folgt die Mittelspannung $p = \frac{\sigma_{11} + \sigma_{22}}{2}$. Zur Berechnung der Spannungsverteilung im Bereich der Spanentstehung ist es zweckmäßig, folgende Randbedingungen zu stellen:

1. Ein Teil des Randes von Ω_0 wird von zwei charakteristischen Linien α_0 und β_0 gebildet, die sich unter einem rechten Winkel schneiden.
2. In einem beliebigen Randpunkt P_0, der auf wenigstens einer der Linien α_0 bzw. β_0 liegt, sei die Mittelspannung p bekannt.

Um eine vollständige Randwertaufgabe formulieren zu können, ist es notwendig, die Werte für θ und p auf den Randgleitlinien α_0 und β_0 zu berechnen. Die entsprechenden Funktionen werden mit θ_0^α, θ_0^β und p_0^α, p_0^β bezeichnet.

Da die Randlinien α_0 und β_0 nach 1. explizit bekannt sind und Gleitlinien darstellen, können θ_0^α und θ_0^β sofort bestimmt werden. Mit diesen Werten gelingt es dann, p_0^α und p_0^β aus den Beziehungen (11) mit Hilfe der Randbedingung 2 zu berechnen.

Ebenfalls aus (11) erhält man im Schnittpunkt einer α-Linie mit einer β-

Linie die gesuchten Werte:

$$\theta = \theta_0^\alpha + \theta_0^\beta - \theta_{00},$$
$$p = p_0^\alpha + p_0^\beta - p_{00}, \tag{12}$$

wobei θ_{00} und p_{00} die bekannten Werte im Schnittpunkt der α_0-Linie mit der β_0-Linie sind. Mit den gefundenen θ- und p-Werten können die Spannungen über (8) berechnet werden.

Damit besteht das Problem darin, die Gesamtheit der α- und β-Linien im Gebiet Ω_0 aus den charakteristischen Gleichungen (10) zu bestimmen. Eine geschlossene analytische Lösung gelingt nur für geometrisch einfache Gleitlinien α_0 und β_0. Trotzdem konnten im Falle gerader Gleitlinien oder der Gleitlinienkombination Gerade–Kreisbogen wertvolle analytische Lösungen für den Zerspanungsprozeß gewonnen werden ([16, 9] u. a.).

Bei komplizierten Randkurven wird es allerdings unumgänglich, das Gleitliniennetz mittels numerischer Verfahren zu konstruieren.

3.2.2. Ein numerisches Verfahren zu Bestimmung des Gleitliniennetzes

Ein geeignetes Verfahren zur näherungsweisen Berechnung der Gleitlinienschnittpunkte ist das Sekantenverfahren [12]. Zunächst erfolgt eine Diskretisierung der Randgleitlinien durch Wahl der Koordinatenpunkte

$$(x_1^{(j,0)}, x_2^{(j,0)}) \qquad j = 0, \ldots, m \text{ auf der } \alpha_0\text{-Linie},$$
$$(x_1^{(0,i)}, x_2^{(0,i)}) \qquad i = 0, \ldots, n \text{ auf der } \beta_0\text{-Linie}.$$

Mit dem genannten Verfahren werden dann die Schnittpunkte $(x_1^{(j,i)}, x_2^{(j,i)})$ der durch die Randpunkte verlaufenden α_i- und β_j-Gleitlinien näherungsweise bestimmt.

Diese Punkte werden, ausgehend von den Randschnittpunkten, sukzessive durch Auflösung der diskretisierten charakteristischen Gleichungen

$$x_2^{(j,i)} - x_2^{(j-1,i)} = (x_1^{(j,i)} - x_1^{(j-1,i)}) \cdot \tan\left(\frac{1}{2}(\theta_{j,i} + \theta_{j-1,i})\right)$$

$$x_2^{(j,i)} - x_2^{(j,i-1)} = -(x_1^{(j,i)} - x_{,1}^{(j,i-1)}) \cdot \cot\left(\frac{1}{2}(\theta_{j,i} + \theta_{j,i-1})\right)$$

erhalten.

Die Werte für θ und p in den Schnittpunkten $(x_1^{(i,j)}, x_2^{(i,j)})$ können sofort über die Beziehungen (12) aus den Randwerten $\theta_{0i}, \theta_{j0}, p_{0i}, p_{0j}$ in den Diskretisierungspunkten längs α_0 und β_0 berechnet werden:

$$\theta_{ij} = \theta_{j0} + \theta_{0i} - \theta_{00},$$
$$p_{ij} = p_{j0} + p_{0i} - p_{00}.$$

Dieser Algorithmus ist relativ leicht rechentechnisch zu realisieren [17].

3.2.3. Praktische Anwendungen

Die von WEBER [9] vorgenommene Erweiterung der Lösung nach LEE/SHAFFER erfolgte so, daß alle möglichen Reibwerte $\mu = \frac{\sigma_{12}}{|\sigma_{11}|}$ im Bereich $0 \leq \mu \leq 1$ auf der Spanfläche für alle möglichen Spanwinkel $-90° < \gamma < +90°$ zulässig sind. Zum anderen können gekrümmte Scherlinien und Schneidkantenradien berücksichtigt werden.

Das Gleitlinienfeld nach Abb. 5 befriedigt alle diese Forderungen [18]. Der Span gleitet über der Spanfläche des Werkzeuges innerhalb der Kontaktlänge $l_k = \overline{OP_k}$. In P_k und M_1 soll Spannungsfreiheit herrschen. Die Linie $\overline{P_kM_1}$ gibt die Richtung der größten Hauptspannung an. Das Gleitlinienfeld $(P_kM_1P_{M1}P_k)$ ist ein Gebiet konstanten Zustandes (Abb. 5a). Diesem plastischen Feld konstanter Spannungen schließt sich ein zentrierter Fächer mit dem Mittelpunkt in M_1 und dem Öffnungswinkel an (Abb. 5b). Der Teil $\overline{M_1P_{1,1}}$ des Fächers ist der gerade Teil der Scherlinie. Ihm folgt über den Schneidkantenradius der gekrümmte Teil der Scherlinie $\widehat{P_{1,1}P_{1,N}}$.

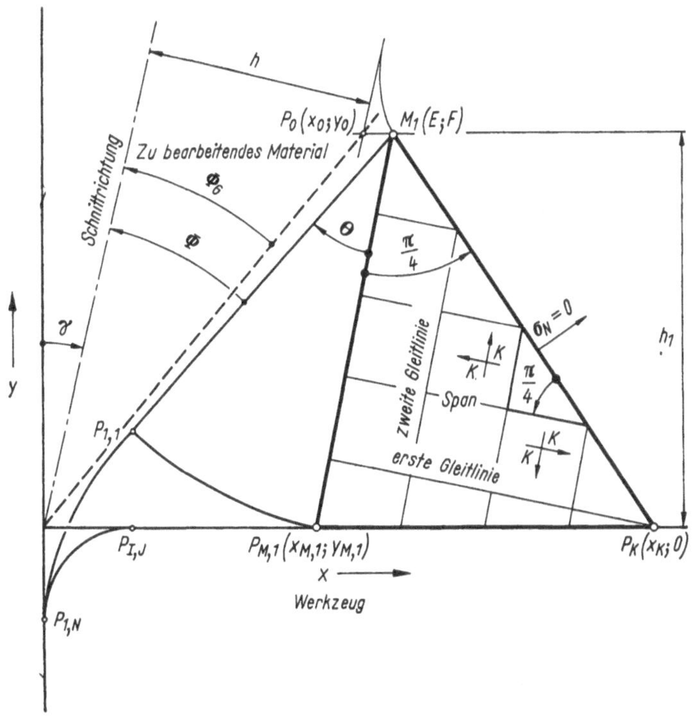

Abb. 5a Gleitlinienfeld konstanter Spannungen

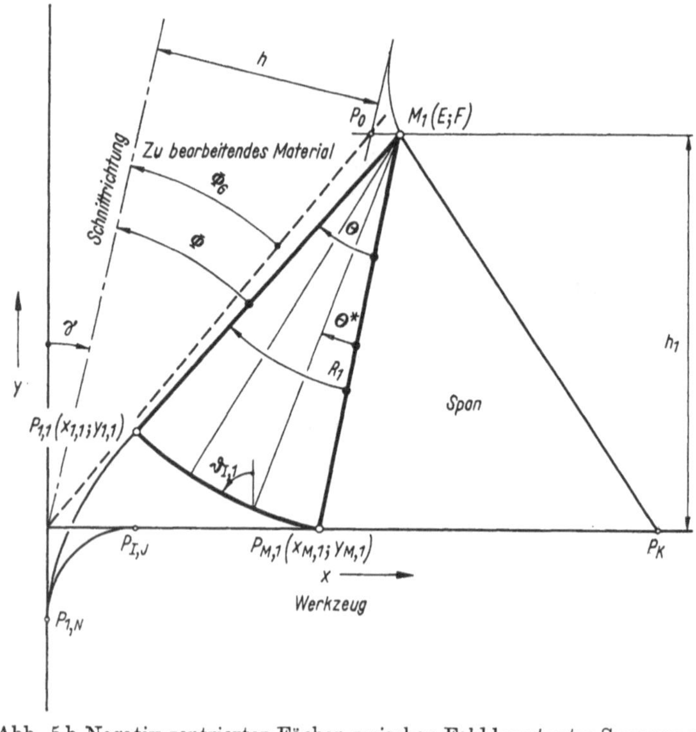

Abb. 5b Negativ zentrierter Fächer zwischen Feld konstanter Spannungen und Scherlinie

Die Randgleitlinien $\widehat{P_{M,1}P_{1,1}}$ und $\widehat{P_{1,1}P_{1,N}}$ grenzen ein allgemeines HENCKY-PRANDTL-Netz gekrümmter Gleitlinien ab.

In [9] werden auch Näherungslösungen für die Schnittkräfte, aus den Spannungsverhältlnissen längs der Scherfläche abgeleitet. Für die Schnittkraft F_S und die Drangkraft F_D gilt:

$$F_S = -k \cdot b \cdot h\,[\cot \Phi + (1-2\theta)], \tag{13}$$

$$F_D = +k \cdot b \cdot h\,[(1-2\theta) \cot \Phi - 1]. \tag{14}$$

Zusammen mit der Spanstauchung

$$\frac{h_1}{h} = \cos \gamma \cdot \cot \Phi + \sin \gamma \tag{15}$$

steht ein System von drei Gleichungen zur Verfügung, mit dem aus einer Messung von F_S, F_D und h_1/h der Scherwinkel Φ, der Fächeröffnungswinkel θ sowie die Schubfließgrenze k bestimmt werden können.

Wie Untersuchungen in [9] zeigten, strebt die Schubfließgrenze für große Spanungsdicken und hohen Verformungsgeschwindigkeiten einem Grenzwert zu. Dieser ist materialabhängig.

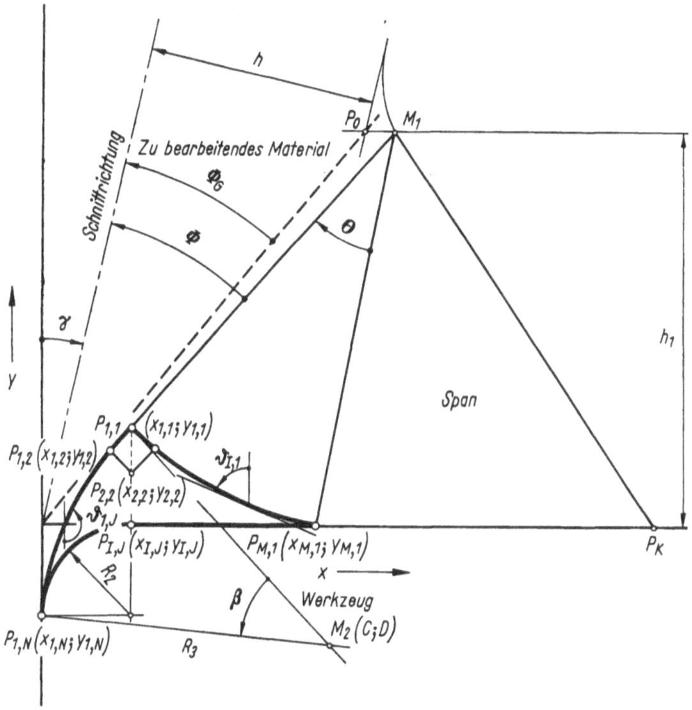

Abb. 5c Allgemeines HENCKY-PRANDTL-Netz nahe der Schneidkantenrundung

Abb. 5 Gleitlinienmodell des Zerspanungsvorganges

Zum Beispiel wurden für C 15 das $k_{\text{grenz}} = 44\ \text{kp/mm}^2$ und für C 60 das $k_{\text{grenz}} = 65\ \text{kp/mm}^2$ ermittelt. Es wird angenommen, daß diese Grenzwerte den Belastungen in der Scherebene entsprechen.

3.2.4. Zu einigen Ergebnissen

3.2.4.1. Einfluß des Schneidkantenradius auf die mechanischen Belastungen im Bereich des negativ zentrierten Fächers

Bisherige Untersuchungen wurden an ideal-scharfen Werkzeugen ausgeführt. Es ist aber eine Erfahrungstatsache, daß sich bereits nach kurzer Schnittzeit am Werkzeug eine Schneidkantenrundung ausbildet. Durchgeführte experimentelle Untersuchungen zeigten, daß der maximale Schneidkantenradius für die Werkstoff-Schneidstoff-Paarung C 60/HS 123 30 μm nicht übersteigt. Deshalb wurden die Untersuchungen zum Einfluß von R_S auf die Spannungsverteilung im Bereich $0 \leq R_S \leq 25\ \mu$m durchgeführt. Es lassen sich folgende Tendenzen angeben:

- R_S hat einen besonders großen Einfluß auf die Normalspannungen σ_{11} (Abb. 6).
  Deutlich sichtbar wird, daß besonders im unteren Bereich von R_S die Empfindlichkeit einer Spannungsänderung gegenüber einer Vergrößerung des Schneidkantenradius groß ist.

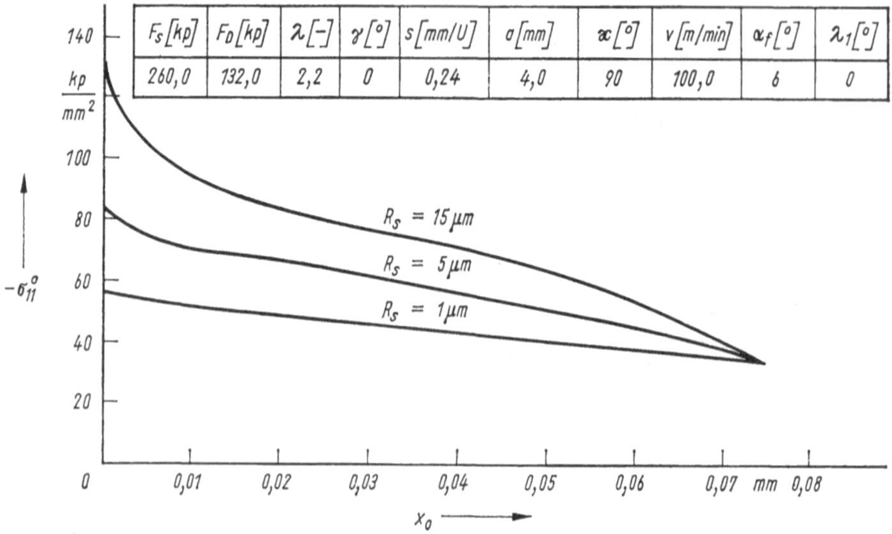

F_S [kp]	F_D [kp]	λ [–]	γ [°]	s [mm/U]	a [mm]	$\varkappa$ [°]	v [m/min]	α_f [°]	λ_1 [°]
260,0	132,0	2,2	0	0,24	4,0	90	100,0	6	0

Abb. 6 Abhängigkeit der Normalspannung σ_{11} vom Schneidkantenradius R_S im Bereich des Fächers

- Eine Änderung des Spanwinkels hat einen deutlichen Einfluß auf die Schubspannung σ_{12} und die Normalspannung σ_{22}. Daraus läßt sich auch die Erfahrungstatsache belegen, daß mit sinkendem Spanwinkel γ die mechanischen Belastungen der Werkzeugschneide beträchtlich steigen.

3.2.4.2. Empfindlichkeit der Spannungsverteilung bei fehlerhaften Eingangsgrößen

Im Hinblick auf eine Anwendung dieses Spanbildungsmodells auf Steuerungszwecke interessiert besonders der Einfluß fehlerhafter Eingangsgrößen (F_S, F_D, λ) auf die zu berechnende Spannungsverteilung entlang der Kontaktlänge. Die Meßergebnisse (Kraftmessung mittels Kistlermeßplatte, Spanstauchungsmessung mittels Massebestimmung) zeigen Abweichungen vom Mittelwert bis zu 12%.

Die durchgeführten Empfindlichkeitsuntersuchungen liefern folgende Ergebnisse:

- Eine präzise Ermittlung der am Werkzeug wirkenden Normalspannung erfordert besondere Sorgfalt bei der Bestimmung der Spanstauchung.

– Einer möglichst exakten Bestimmung der Schnittkraft kommt eine besondere Bedeutung zu, da sich ihre Änderung nahezu gleichstark auf alle Spannungskomponenten auswirkt (Abb. 7).

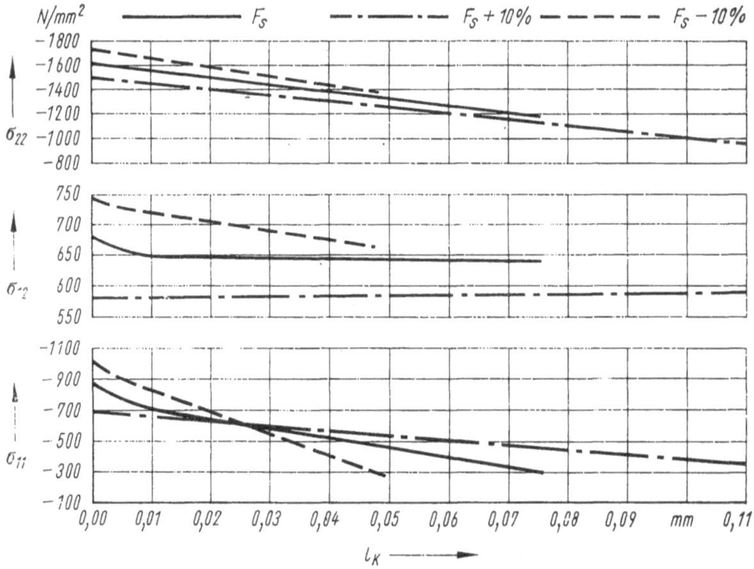

Abb. 7 Einfluß eines Schnittkraftmeßfehlers auf die Spannungsverteilung im Bereich des Fächers

3.3. Integriertes Gleitlinien-FEM-Modell

Die Gültigkeit des Gleitlinienmodells kann erweitert werden. Eine erste Erweiterung betrifft das Materialverhalten. Im Spanbildungsmodell nach Abb. 5 wird von einem starren Verhalten außerhalb einer vorgegebenen Zone plastischen Fließen ausgegangen. Diese Voraussetzung wird dahingehend abgeändert, daß für die außerhalb der Scherzone liegenden Gebiete elastische Deformationen zulässig sind. Damit wird dem realen Werkstoffverhalten besser entsprochen.

Auf die mechanischen Eigenschaften des Werkstoffes hat die Temperatur einen wesentlichen Einfluß und sollte bei jeder genaueren Untersuchung des Spanbildungsvorganges Berücksichtigung finden. Dabei ergeben sich allerdings analytisch kaum und numerisch sehr aufwendig zu lösende thermomechanische Probleme. Erste Modellvorstellungen zur Berechnung der mechanischen Zustände gehen deshalb von einer bekannten Temperaturverteilung im Bereich der Spanentstehung aus. Eine Berechnung der Temperaturverteilung kann damit ohne Kopplung zum mechanischen Problem erfolgen. Ergebnisse zur

Berechnung der Temperaturverteilung beim Zerspanungsprozeß für verschiedene Schnittbedingungen sind aus der Literatur bekannt [19].

Eine grobe Idealisierung stellt weiterhin die Voraussetzung reibungsfreier Zerspanungsverhältnisse dar. Insbesondere an den Kontaktstellen zwischen Spanunterseite und Spanfläche sowie zwischen verschlissener Freifläche und unmittelbar erzeugter Werkstückoberfläche müssen Reibungseinflüsse berücksichtigt werden. Für erste Berechnungen ist es vorteilhaft, diese Reibverhältnisse durch experimentell ermittelte Schubspannungsverteilungen längs der Kontaktlinien zu simulieren.

Aus den genannten Gründen werden folgende Voraussetzungen an ein erweitertes Gleitlinienmodell gestellt (Abb. 8):

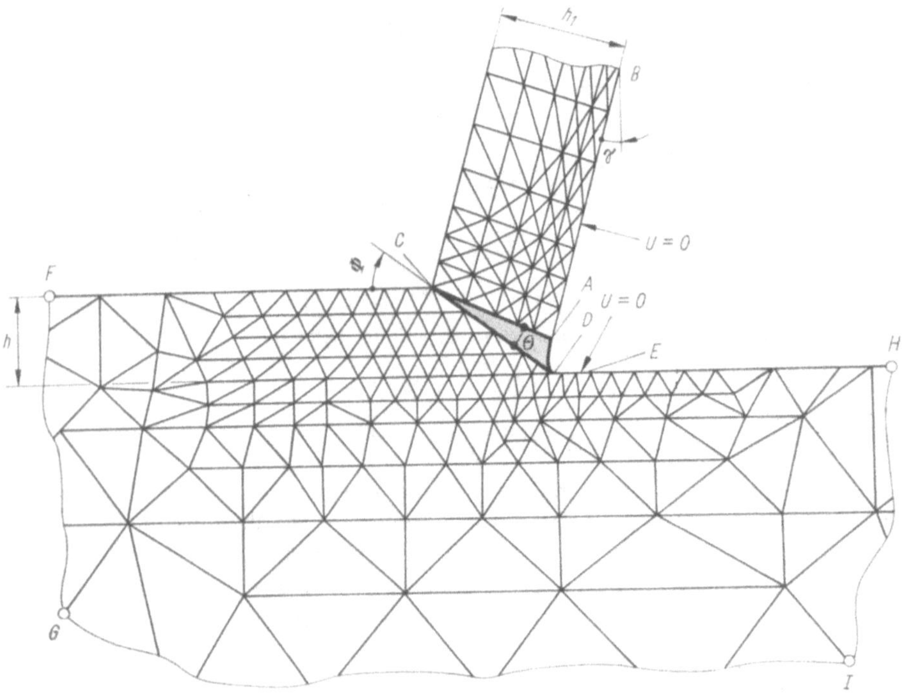

Abb. 8 Vernetzung und Randbedingungen der erweiterten Modellvorstellung

1. Existenz eines Fächers nicht konstanter Spannungen im Bereich der Scherzone. (Die Bestimmungsparameter dieses Gebietes werden wie unter 3.2.3. beschrieben ermittelt.) Die Fließschubspannung k des ideal-plastischen Materialverhaltens entspricht einer konstanten Temperaturverteilung in dieser Zone.

2. Die Gebiete vor und nach der Scherzone sind elastisch deformierbar. Die elastischen Materialparameter sind temperaturabhängig, und thermisch bedingte Anfangsverzerrungen sind zugelassen. Die Temperaturverteilung wird als bekannt vorausgesetzt.

3. Berücksichtigung der Reibung zwischen Meißel und Span sowie Meißel und Werkstück durch Vorgabe von Schubspannungsverteilungen längs der Kontaktlinien.

In Ergänzung zu den in 3.1. definierten Grundgleichungen ist auf Grund der Forderung 2. eine Aufspaltung des Verzerrungsvektors Q nötig:

$$Q^* = Q - Q_0$$

mit

$$Q_0 = (1 + \nu)\,\alpha T(1,1,0)^T \quad \text{thermische Anfangsverzerrungen.} \tag{16}$$

Werden die Beziehungen (2) und (3) in der Gleichung (1) substituiert, so erhält man für das Kräftegleichgewicht im Innern (am Rande) des elastischen Gebietes

$$B^TDBU = B^TDQ_0 \qquad \text{in } \Omega \tag{17}$$

$$N^TDBU = \bar{S} = N^TDQ_0 \qquad \text{auf } \Gamma_R \tag{18}$$

$$U = \bar{U} \qquad \text{auf } \Gamma_u.$$

Mit den Bezeichnungen

$$K = \begin{pmatrix} B^TDB \\ N^TDB \\ I \end{pmatrix} \qquad \text{– Steifigkeitsoperator}$$

$$\bar{F} = \begin{pmatrix} B^TDQ_0 \\ \bar{S} + N^TDQ_0 \\ \bar{U} \end{pmatrix} \qquad \text{– Vektor der äußeren Gesamtbelastung}$$

folgt aus (17) und (18) die bekannte Steifigkeitsbeziehung

$$KU = \bar{F}. \tag{19}$$

Damit ist das Problem auf die Bestimmung der Gesamtverschiebung U zurückgeführt. Es sei nur erwähnt, daß U im Fall $\Gamma_u = \Lambda$ eindeutig bestimmt ist. Die Zustandsgrößen Q und P erhält man rekursiv aus (2) und (3).

Gesichtspunkte zum Aufbau eines Rechenschemas auf der Grundlage der Methode der finiten Elemente werden in [20] diskutiert.

3.4. Modellvorstellungen bei elastisch-plastischem Materialverhalten

Wie unter 3.2. erläutert, ist die Annahme starr-ideal-plastischen Materialverhaltens nur im Gebiet der Scherzone mit genügender Genauigkeit gerechtfertigt. Außerdem basiert die dort entwickelte Theorie auf der Kenntnis des

Gebietes Ω_0 plastischen Fließens. Gerade dieser letzte Umstand bedingt, daß Ω_0 nicht im Ergebnis der Spannungsberechnung mit erhalten wird, sondern a-priori vorgegeben sein muß [11].

Dem realen Materialverhalten näher kommt das Spannungs-Verzerrungsgesetz nach PRANDTL-REUSS und die Konzeption des elastisch-plastischen Anlaufvorganges. Hier wird davon ausgegangen, daß die infolge der äußeren Belastungen im Körper sich einstellenden Spannungen von der Belastungsgeschichte abhängen. Es ist deshalb nicht möglich, nur aus der Kenntnis der Endbelastung die inneren Zustände zu berechnen, sondern es muß das gesamte Belastungsprogramm bekannt sein.

Im Rahmen dieser als Fließtheorie bezeichneten phänomenologischen Plastizitätsmechanik ist es nicht mehr möglich, eine mathematische Formulierung zu geben, aus der sofort die bei der Endbelastung auftretenden inneren Zustände berechnet werden können. Es ist vielmehr nur möglich, bei einer differentiellen äußeren Belastungsänderung die sich einstellenden inneren differentiellen Spannungs-, Verzerrungs- und Verschiebungsänderungen zu berechnen. In dieser Weise werden auch die Grundgleichungen der Fließtheorie formuliert.

Neben den Beziehungen (3), (4) und (5) werden die differentiell formulierten

Gleichgewichtsbeziehungen $\quad B^T dP = 0 \text{ in } \Omega \qquad (20)$

Verzerrungs-Verschiebungs-beziehungen $\quad B dU = dQ \text{ in } \Omega \qquad (21)$

und die

Randbedingungen
$$N^T dP = dR \text{ auf } \Gamma_R$$
$$dU = d\bar{U} \text{ auf } \Gamma_U \qquad (22)$$

benötigt.

Wird $dQ = BdU$ in (3) substituiert, so erhält man

$$dP = DBdU$$

und damit für die Gleichgewichtsbeziehung (20)

$$B^T DBdU = 0 \text{ in } \Omega. \qquad (23)$$

In analoger Weise folgt für die Randbedingungen

$$N^T DBdU = dR \text{ auf } \Gamma_R$$
$$dU = d\bar{U} \text{ auf } \Gamma_U. \qquad (24)$$

Mit den Bezeichnungen

$$A = \begin{pmatrix} B^T D B \\ N^T D B \\ I \end{pmatrix} \quad \text{und } dF = \begin{pmatrix} 0 \\ dR \\ d\bar{U} \end{pmatrix}$$

können (23) und (24) zusammengefaßt werden:

$$AdU = dF. \tag{25}$$

Es sei hier nur erwähnt, daß der Operator A in einem HILBERT-Raum $L^2(\Omega)$ im Fall $\Gamma_u \neq \Lambda$ positiv definiert und symmetrisch ist. Auf Grund der speziellen Struktur von D gelingt es, den Operator A in einen linearen Anteil A_{el} (entspricht dem elastischen Materialverhalten) und einen nichtlinearen Anteil A_{pl} (entspricht dem rein plastischen Materialverhalten) gemäß

$$A = A_{el} + A_{pl}$$

mit

$$A_{el} = \begin{pmatrix} B^T D_{el} B \\ N^T D^{el} B \\ I \end{pmatrix}, \quad A_{pl} = \begin{pmatrix} B^T D_{pl} B \\ N^T D_{pl} B \\ 0 \end{pmatrix}$$

aufzuspalten.

Dabei ist A_{el} unter den gleichen Voraussetzungen wie an A ebenfalls positiv und symmetrisch.

Im allgemeinen liegt folgende Situation vor:

Für eine Anfangsbelastung F_0 sind die Anfangszustände P_0, Q_0, U_0 bekannt (z.B. für $F_0 = 0$ ist $P_0 = Q_0 = U_0 = 0$). Der Zuwachs dU bei einer äußeren Belastungssteigerung dF kann dann aus der Operatorgleichung (25) berechnet werden, und die Änderungen dQ und dP ergeben sich sofort aus (20) und 21). Damit sind die Größen $P_0 + dP$, $Q_0 + dQ$, $U_0 + dU$ bekannt und entsprechen der äußeren Belastung $F_0 + dF$. Von dieser neuen Ausgangssituation wird in gleicher Weise fortgefahren, bis der Endbelastungszustand F erreicht ist. Das Problem besteht damit in der Lösung eines Anfangsrandwertproblems, das durch die Differentialausdrücke (23) und (24) definiert wird.

In jedem Belastungsschritt muß zur Berechnung des Operators A die Matrix D dem aktuellen Spannungszustand entsprechen. Dabei ändert sich der elastische Anteil D_{el} nicht, und in allen Punkten von Ω, in denen nicht die Fließbedingung (4) erfüllt ist, gilt $D = D_{el}$.

Im Falle der Gültigkeit von (4) ergibt sich ein zusätzlicher plastischer Anteil D_{pl}, der unter Zuhilfenahme von (4) und (5) zu berechnen ist. Nachdem sich also ein Gebiet Ω_0 plastischen Materialverhalten gebildet hat, wird sich nach jedem Belastungsschritt der Operator A ändern.

3.4.2. Numerische Realisierung elastisch-plastischer Anlaufvorgänge

Zur näherungsweisen Lösung elastisch-plastischer Anlaufvorgänge sind zwei Diskretisierungsschritte notwendig:

1. Diskretisierung des Belastungsprogrammes,
2. Diskretisierung der Randwertaufgabe in jedem Belastungsschritt.

Zur Diskretisierung des Belastungsprogrammes ist eine verallgemeinerte Variante des EULERschen Polygonzugverfahrens als Lösungsmethode geeignet. Dazu wird das Belastungsprogramm in diskrete Belastungsschritte gemäß

$$F_0, F_1, \ldots, F_i, \ldots, F_n \equiv F$$

$$\Delta F_i = F_{i+1} - F_i \quad i = 0, \ldots, n-1$$

zerlegt.

Durch ΔF_i hervorgerufene Verschiebungsänderung $\Delta U_i = U_{i+1} - U_i$ wird aus der zu (25) analogen Gleichung

$$A\,\Delta U_i = \Delta F_i \tag{26}$$

berechnet.

Mit ΔU_i können auch sofort $\Delta Q_i = Q_{i+1} - Q_i = B\Delta U_i$ und $\Delta P_i = P_{i+1} - P_i = D\Delta Q_i$ bestimmt werden. Das Problem ist damit in jedem Belastungsschritt auf die Lösung der Gleichung (26) zurückgeführt. Großes Interesse besteht an a-priori-Abschätzungen für den Diskretisierungsfehler.

Als numerische Verfahren zur Lösung von (26) sind sowohl Projektions- als auch Differenzenverfahren geeignet. Eine Mittelstellung zwischen diesen Verfahren nimmt die Methode der finiten Elemente (FEM) ein, die in den letzten Jahren eine breite Anwendung gefunden hat ([21], [22]). Gerade für positiv definierte, symmetrische Probleme, wie im vorliegenden Fall, scheint die FEM-Methode besonders geeignet. Im Ergebnis der Diskretisierung erhält man ein algebraisches Gleichungssystem

$$A^{(m)}\,\Delta_i^{(M)} = \Delta F_i^{(m)} \tag{27}$$

mit der Koeffizientenmatrix

$$A^{(m)} = A_{el}^{(m)} + A_{pl}^{(m)}. \tag{28}$$

Die Steifigkeitsmatrizen $A^{(m)}$ und $A_{el}^{(m)}$ sind symmetrisch und positiv definit, außerdem weisen sie eine Bandstruktur auf.

Zur Lösung der Gleichung (27) sind folgende Verfahren bekannt:

1. Methode der veränderlichen Steifigkeit [24]:

In jedem Belastungsschritt wird $A^{(m)}$ explizit berechnet und anschließend das Gleichungssystem (27) gelöst.

2. Methode der Anfangslasten [23]:

Ausgehend von der Zerlegung (21) erhält man

$$A_{el}^{(m)}\,\Delta U_i^{(m)} = \Delta F_i^{(m)} - A_{pl}^{(m)}\Delta U_i^{(m)}. \tag{29}$$

Der Ausdruck $\Delta T_i^{(m)} = A_{pl}^{(m)}\Delta U_i^{(m)}$ kann als Anfangslast, hervorgerufen durch eine Anfangsspannung oder Anfangsverzerrung, interpretiert werden. Es wird, ausgehend von einem Startwert für $\Delta T_i^{(m)}$, die Lösung $\Delta U_i^{(m)}$ iterativ aus (29) bestimmt.

Der grundsätzliche Vorteil des zweiten Verfahrens gegenüber dem ersten besteht darin, daß in jedem Belastungsschritt Systeme mit gleicher Steifigkeitsmatrix $A_{cl}^{(m)}$ zu lösen sind. Dafür ist allerdings die Anzahl der notwendigen Iterationsschritte wesentlich von der Größe des jeweiligen Belastungszuwachses abhängig. Trotzdem findet dieses Verfahren große Anwendung, weshalb auch Aussagen über das Konvergenzverhalten des Iterationsprozesses wertvoll sind.

Neben den klassischen Berechnungsmethoden sind nur wenige Arbeiten bekannt geworden, die ein realeres Materialverhalten unter den Bedingungen des Zerspanungsvorganges voraussehen. Vorstellungen und erste numerische Berechnungen auf allgemeiner plastizitätsmechanischer Grundlage sind in den Arbeiten [22] und [27] zu finden. Sie basieren sämtlich auf der Anwendung der Methode der finiten Elemente zur Lösung der Randwertaufgaben.

Die Geometrie des Bereiches der Spanbildung zeigt Abb. 8.

Folgende Randbedingungen werden berücksichtigt:

1. Vorgabe einer Endverschiebung längs $\overline{FG}$ und $\overline{HI}$:

$$\bar{U} = \begin{pmatrix} 0 \\ -\bar{U}_2 \end{pmatrix} \quad \bar{U}_2 > 0.$$

2. Der Meißel wird starr vorausgesetzt. Daraus folgt eine Verschiebungsverhinderung längs $\overline{AB}$ in Richtung der Normalen.
3. Berücksichtigung einer Reibungskraft R zwischen Spanunterseite und Spanfläche des Meißels.

Das Belastungsprogramm kann in Abhängigkeit von skalaren Parametern α und β formuliert werden:

z.B.

$$R_\alpha = \alpha R \qquad \bar{U}_\beta = \beta \bar{U} \qquad 0 \leq \alpha, \beta \leq 1.$$

3.5. Fließmodelle des Spanbildungsvorganges

Für die in Abb. 2 gezeigten Zonen 1/2 wird oft die Bezeichnung primäre Scherzone und für die Gebiete 3/4 secundäre Scherzone verwendet. Experimentelle Untersuchungen (Abb. 13) der primären Scherzone zeigen Ähnlichkeit mit den Bildern bei hydrodynamischen Keilumströmungen. Die ursprünglich parallel zur Schnittrichtung sich bewegenden Teilchen werden ähnlich der Bewegung von Flüssigkeitsteilchen entlang der Stromlinien durch das Werkzeug (Keil) zum Span abgelenkt.

Gelingt es, den Verlauf der Stromlinien zu berechnen, dann können über bekannte Beziehungen ([19], [26]) das zugehörige Geschwindigkeitsfeld, die Verformungsraten und über das Stoffgesetz die Spannungen berechnet werden. Das ist Grundlage für die Ermittlung des Temperaturfeldes in der Spanwurzel.

Bei der Anwendung der Methode der konformen Abbildung ist es nötig, die Abbildungsfunktion $\varphi = f(z)$ zu finden, mit deren Hilfe eine Transformation der Fließgeometrie aus der physikalischen z-Ebene in die Ebene des komplexen Potentials w erfolgt. Wie Untersuchungen zeigten, liefert die Abbildungs-

$$\varrho\left(\frac{\partial v_i}{\partial t} + v_j \cdot \frac{\partial v_i}{\partial x_j}\right) = \varrho g_i - \frac{\partial p}{\partial x_i} + \eta_M \frac{\partial^2 v_i}{\partial x_j \partial x_i} + k \frac{\partial}{\partial x_j}\left[\frac{D_{ij}}{\sqrt{I_2}}\right]$$

Bewegungsgleichung für ein inkompressibles viskoplastisches Material (Bingham) (laminare Strömung)

LÖSUNGSMÖGLICHKEITEN
(ebene Deformationsprobleme)

Plastische Grenzschichttheorie	Störungsrechnung	Verfahren der sukzessiven Approximation	Abschnittsweise Linearisierung d. Materialgesetzes	Extremalprinzipien
langsame Bewegungsvorgänge; dimensionslose Parameter: Reynoldzahl $\mathrm{Re} = \frac{U_0 \cdot \varrho \cdot L}{\eta_M}$ Binghamzahl $\mathrm{Bi} = \frac{K \cdot L}{U_0 \cdot \eta_M}$ Größenabschätzung der Glieder (Trägheitsglieder werden vernachlässigt) Grenzschichtgleichungen	eine Größe muß „kleine“ Störgröße sein; Potenzreihenentwicklung nach dieser Störgröße Paslay und Slibar [194] erhielten eine partielle DGL 4. Ordnung mit nichtkonstanten Koeffizienten (fettgeschmierte Drucklager) Oldroyd [195] [196] führte konforme Abbildung ein; Potenzreihenentwicklung nach Bi-	im ersten Iterationsschritt wird Lösung des linearen DGL-Systems gesucht, d.h. viskoplastisches Material durch rein viskoses angenähert. Im zweiten Iterationsschritt treten nichtlineare Anteile als „Störglieder“ auf. Schlüssler untersuchte ebenen Walzvorgang. Zweiter Iterationsschritt nur mittels hohem numeri-	Fließfläche wird durch Vielzahl von Tangentialebenen ersetzt. Damit lineare DGL erhältlich. Quellen: Prager [197], Wierzbikic [198], Appleyby, Prager [199], Steck [200], Müller [103]	Oldroyd [201]: Die zu jeder Zeit an jedem Ort eines abgeschlossenen Bereiches infolge plastischen Fließens dissipierte Leistung ist minimal Steck [200] formuliert ähnliches Prinzip der Dissipationsleistung; Prager [202] gibt für langsame Bewegungszustände ein Minimalprinzip für die Verzerrungsgeschwindigkeiten und ein Maximal-

nichtlinear Quelle: OLDROYD [193]. Bei Thermoviskoplastizität gelten die dimensionslosen Zahlen: PECLETsche Zahl $P_e = P_r \cdot R_e$ PRANDTL Zahl $P_r = K_A \cdot B_i$ BINGHAM Zahl $Bi = \frac{k \cdot L}{u_0 \cdot \eta_M}$ Quelle: ERFURT [102]	Zahl (kleine Störgröße). Für uneingeschränktes und eingeschränktes Fließen geeignet; DGL werden linearisiert. Nur für bestimmte phys. Verhältnisse geeignet!	schen Aufwand möglich.	prinzip für die Spannungen an.

Abb. 9 Beschreibung von Deformationsvorgängen viskoplastischen Materials

funktion $\varphi = z^n$ keine zufriedenstellenden Ergebnisse, weil der obere „freie“ Raum des Strömungsgebietes (d.h. die Spanoberseite) asymptotisch bekannt sein muß.

Unter Nutzung des SCHWARTZ-CHRISTOFFEL-Integrals

$$z(\varphi) = c_2 \int_{\varphi_0}^{\varphi} \prod_{k=1}^{n} (\varphi - a_k)^{\beta_k - 1} d\varphi \tag{30}$$

ist es möglich, für scharfe Werkzeuge die Transformation auszuführen und den Verlauf der Stromlinien zu berechnen. Rechnungen von [27] zeigten, daß zur Korrektur der im Modell steckenden Annahmen der Geschwindigkeitsvektor $\bar{v}$ aus der linearen Überlagerung zwischen einem Geschwindigkeitsvektor $\bar{v}_0$ der potentialtheoretischen Lösung und einem „Schwankungs-“Anteil $\bar{v}^*$ besteht, wobei letzterer den Bedingungen div $\bar{v}^* = 0$ und rot $\bar{v}^* \neq 0$ genügt. Die Berechtigung derartiger Modellbildungsverfahren wurde in [28] begründet.

Eine genauere Berechnung der mechanischen, thermischen und chemischen Vorgänge im Bereich der secundären Scherzone kann in Analogie zu Newtonschen Strömungsvorgängen entlang fester Wände erfolgen. Als eine zulässige Approximation des wahren Materialverhaltens (vgl. [29]) wird das viscoplastische Stoffgesetz nach BINGHAM angesehen. Material, das diesem Stoffgesetz genügt, verformt sich bis zum Erreichen der Fließgrenze nicht, während nach Überschreiten dieser Grenze die Spannung proportional der Verzerrungsgeschwindigkeit ist.

Die aus dem statischen Kräftegleichgewicht am Volumenelement bestimmten Gleichungen (1) sind durch den substantiellen Beschleunigungsanteil $D\bar{v}/Dt$, bestehend aus dem lokalen Anteil $\partial\bar{v}/\partial t$ und dem konvektiven Anteil $d\bar{v}/dt$ zu ergänzen

$$\varrho \left(\frac{\partial v_i}{\partial t} + v_j \frac{\partial v_i}{\partial x_j} \right) = \varrho g_i + \frac{\partial \sigma_{ij}}{\partial x_j}. \tag{31}$$

Hinzu kommt außerdem die Kontinuitätsgleichung

$$\frac{\partial v_i}{\partial x_i} = 0. \tag{32}$$

Zusammen mit dem BINGHAM-Stoffgesetz

$$s_{ij} = \left(2\eta_M + \frac{k}{\sqrt{I_2}} \right) \dot{D}_{ij} \quad \text{für} \quad \dot{D}_{ji} \neq 0$$

$$I_2 = \frac{1}{2} \dot{D}_{ij} \dot{D}_{ij}$$

$$\sigma_{ij} = s_{ij} + \frac{1}{3} S_p\{\sigma_{ij}\} \delta_{ij}$$

$$\eta_M \ldots \text{Viskosität} \tag{33}$$

folgt die vollständige Bewegungsgleichung

$$\varrho\left(\frac{\partial v_i}{\partial t} + v_j \frac{\partial v_i}{\partial x_j}\right) = \varrho g_i - \frac{\partial p}{\partial x_i} + \eta_M \frac{\partial^2 v_i}{\partial x_j \partial x_i} + k \frac{\partial}{\partial x_j}\left[\frac{D_{ij}}{\sqrt{I_2}}\right] \tag{34}$$

$$p = -\frac{1}{3} Sp \{\sigma_{ij}\}$$

Die Fließschicht an der Spanunterseite kann als Grenzschicht im strömungsmechanischen Sinne aufgefaßt werden. Sie besitzt deren Eigenschaften und Randbedingungen. Damit scheint die in Abb. 9 genannte grenzschichttheoretische Betrachtungsweise zur Lösung von Gl. (34) gut geeignet. Im Gegensatz zu NEWTONschen Medien kann die Frage nach „ähnlichen" Lösungen der Grenzschichtgleichungen für BINGHAM-Material beim Spanbildungsvorgang allerdings nicht sofort beantwortet werden. Verglichen mit der FALKNERSKAN-Gleichung erhöht sich die Zahl der Koeffizienten der Differentialgleichung für die Stromfunktion von zwei auf sieben [30], so daß numerische Lösungsverfahren einer analytischen Lösung vorzuziehen sind.

4. Experimentelle festkörpermechanische Untersuchungen

Die Notwendigkeit experimenteller kontinuumsmechanischer Untersuchungen resultiert aus folgenden Gesichtspunkten:

1. Die Modellierung des Spanbildungsvorganges erfordert eine Reihe von Restriktionen.
2. Es ist notwendig, charakteristische Meßgrößen in genügender Zahl und mit großer Sicherheit zu bestimmen. Die im plastischen Schervorgang und beim Abfließen eines Fließspanes entstehenden Verformungen in der Scherzone, in den Kontaktzonen an Span- und Freifläche des Werkzeuges und an der Werkzeugspitze erfordern eine feldmäßige Untersuchung der Spanwurzel.

In ersten Versuchen wurde auf Gitterverfahren und spannungsoptische Methoden zurückgegriffen [31], [32]. Untersuchungsgegenstand sind ebene Spanwurzelmodelle homogener, isotroper Versuchswerkstoffe. Starr-ideal plastisches Werkstoffverhalten wurde wie bereits in [33], [34] und [35] erwähnt, mittels einer superplastischen Pb-Sn-Legierung LSN-63 realisiert. Mit Hilfe vorverformter durch vorherige Kaltumformung homogenisierter Spanwurzelmodelle gelingt es bei Anwendung des Moiréverfahrens, das Deformationsfeld sofort qualitativ anschaulich entstehen zu lassen.

Abb. 10 zeigt dies am Beispiel des Spanens mit arbeitsscharfem Meißel.

Der Objektraster befindet sich in einer Teilungsebene einer vorher erzeugten Spanwurzel und erleidet durch die Relativbewegung Werkzeug–Werkstück eine Verformung. Durch die Überlagerung des verzerrten Objektrasters mit einem dem Ausgangszustand identischen Bezugsraster entsteht eine streifenförmige Überstruktur (Isotheten), die Elemente gleicher Verzerrung senkrecht zur

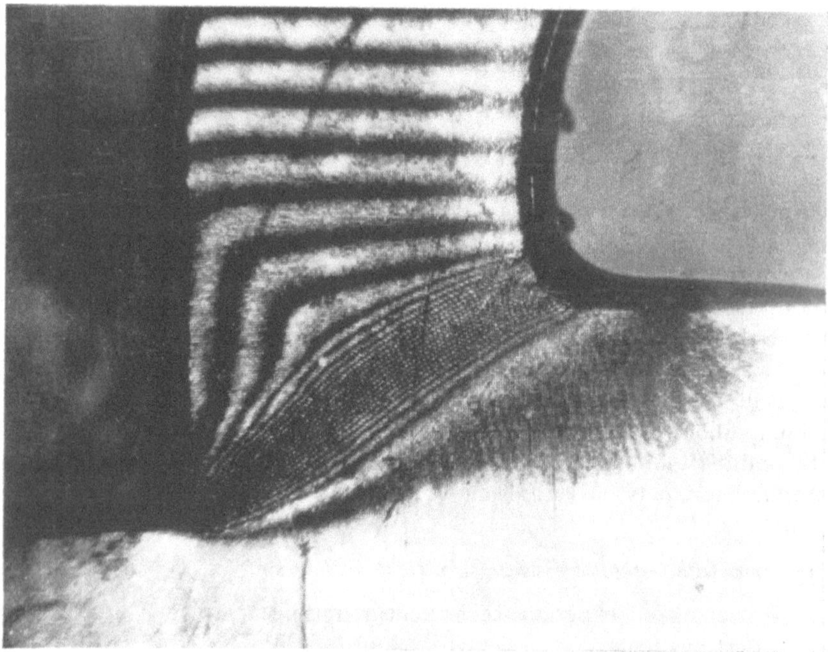

Abb. 10 Spanwurzel LSN-63, $\gamma = 0°$, Isothetenverlauf für Verschiebungen in Schnittrichtung (senkrecht zur Spanfläche des Werkzeuges), In-Raster, 25 L/mm

Orientierung des Teilungsgitters verbindet. Die Verzerrungskomponente U_i wird aus der Isothetenordnung und der Teilungskonstanten e des Gitters ermittelt. Aus den partiellen Ableitungen der Verzerrungen nach den Koordinaten des ebenen orthogonalen Bezugssystems resultieren die Komponenten des Dehnungstensors ε_{ij}. Für die vollständige Auswertung ebener Felder eignen sich Kreuzraster als Objektraster. Die Überlagerung mit einem Linienraster als Bezugsraster ermöglicht die separate Darstellung der Isotheten in x_1- bzw. x_2-Richtung zur Auswertung der erforderlichen partiellen Ableitungen. Infolge endlicher Ausdehnungen ergeben sich Mittelwerte.

Abb. 10 zeigt Isotheten, die die Verschiebung in Richtung der Spanflächennormalen widergeben.

Die Ordnungsdichte gibt Aufschluß über die Gradienten der Verformung und läßt die Scherzone als dominierendes Gebiet des Spanbildungsprozesses klar hervortreten.

Die Empfindlichkeit des Verfahrens ist abhängig von der Gitterteilung, ebenso die auswertbare maximale Verzerrung. Für den gezeigten Objektraster mit einer Teilung von 25 L/mm sind Dehnungen bis 30% meßbar.

In Abb. 11 wird am Beispiel der Isotheten in Schnittrichtung die Untersuchung des Einflusses eines definierten Schneidkantenradius auf die Werk-

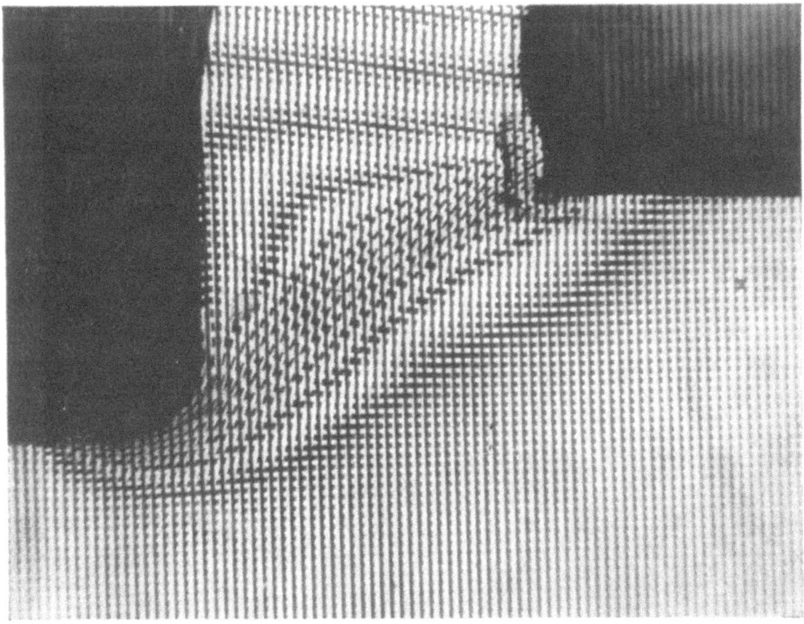

Abb. 11 Spanwurzel LSN-63, $\gamma = 0°$, $R_S = 1{,}5$ mm, Isothetenverlauf für Verschiebungen in Schnittrichtung, In-Raster, 6L/mm

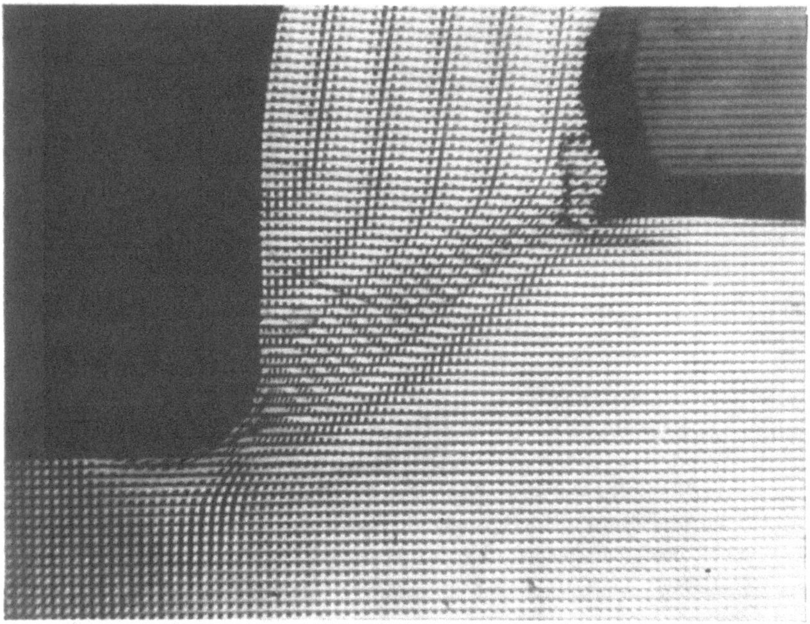

Abb. 12 Spanwurzel wie Abb. 2, Isothetenverlauf für Verschiebungen parallel zur Spanfläche des Werkzeuges, In-Raster, 6 L/mm

stückoberfläche und Spanwurzel gezeigt. Bei Spanungsdicken von 3 ... 5 mm, Schnittgeschwindigkeiten von 18 ... 290 mm/min, einem Schneidkantenradius von $R = 1{,}5$ mm und Objektraster einer Teilung von 6 L/mm ist der Integrationseffekt wesentlich geringer. Die zugehörigen Isotheten in Spanablaufrichtung (Abb. 12) lassen erkennen, daß an der Schneidkante eine Teilung des Materialflusses entsteht, deren Auswirkungen hinsichtlich der erzeugten Oberfläche noch näher untersucht werden.

Die geringe Rasterteilung (6 L/mm) stellt bereits einen Übergang zur Visioplastizität dar. Unter alleiniger Verwendung des verzerrten Objektrasters gelangt man bei Auswertung der Punkte zur Dehngittermethode. Die Gitter werden bis in den stationären Bereich verformt und punktweise ausgewertet (Abb. 13). Dabei sind die ursprünglich parallel zur Bearbeitung gelegenen Linien

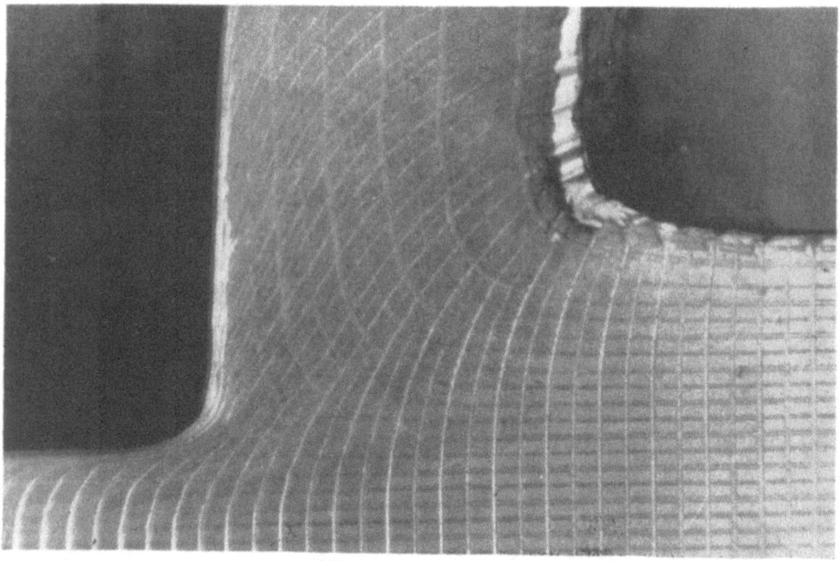

Abb. 13. Verformtes Ritzgitter, 0,3 × 0,5 mm, hergestellt mittels Objektmarkierer ZKM 1/150

als Stromlinien zu interpretieren, wie sie auch zur Vernetzung beim FEM-Modell hinzugezogen wurden. Die Kreuzungslinien geben konstante Zeitintervalle wieder. Mit der Ermittlung der Koordinaten der Kreuzungspunkte ist man in der Lage, das Feld der Verformungsraten zu ermitteln. Es entstehen endliche Deformationen, die keine sofortige visuelle qualitative Auswertung gestatten, aber wesentlich größere Verformungen zulassen.

Unter Nutzung spannungsoptisch aktiver Materialien (Polycarbonate, Zelluloid, Silberhalogenide, Epoxidharze u.ä.) besteht die Möglichkeit, die Verteilung der Spannungen direkt zu verfolgen.

Dabei interessiert vor allem das Gebiet um die Meißelspitze, da hier die Quelle der Entstehung von Spannungen in der Werkstückoberfläche liegt. Erste Untersuchungen zum elastischen Verhalten wurden im Hinblick auf die Ausbildung von Spannungsspitzen in Abhängigkeit von der Werkzeuggeometrie vorgenommen. Im Gegensatz zum idealscharfen Werkzeug weisen die Werkzeuge mit geringer Schneidkantenrundung ein verbessertes quasistatisches Tragverhalten auf.

Abb. 14 zeigt die Isochromatenverteilung eines derartigen Modells mit elastischer Vorstauchung unter Einwirkung einer hyperbelförmigen Belastung durch eine entsprechende Krafteinleitungsvorrichtung.

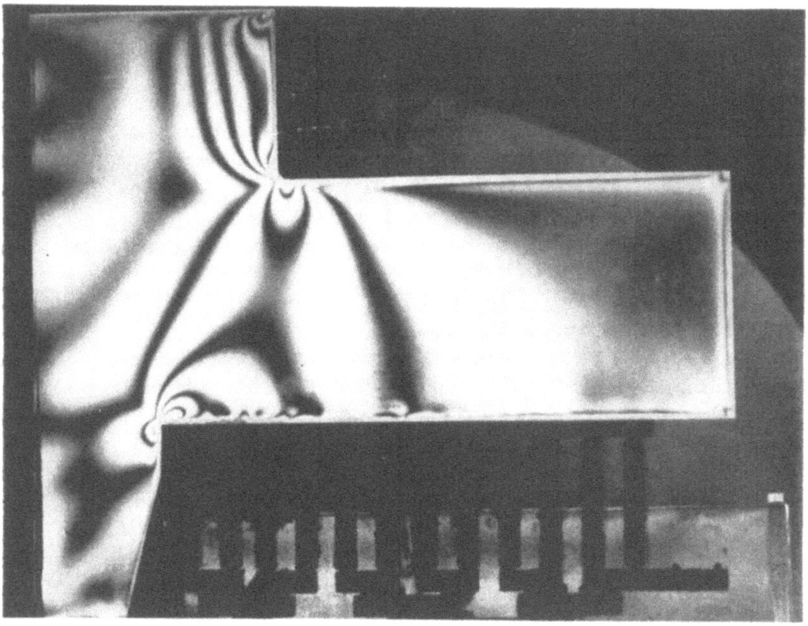

Abb. 14 Isochromatenverlauf in der Spanwurzel, EG 1, $\gamma = 0°$

Literatur

[1] KACZMAREK, J.: Hauptentwicklungsrichtungen der Fertigungstechnik, WZ der TH Karl-Marx-Stadt, XVI (1974), 1, 5–20.

[2] HOFMANN, D.: Bericht vom Rundtischgespräch „Meßtheorie" VII. IMEKO-Kongreß, London 1976, msr 19 (1976), 10, 328.

[3] MERCHANT, M. E.: Long-range trends in the automation of machine tools and manufacturing, 16. MTDR-UMIST, Manchester, 10. 9.–12. 9. 1975.

[4] SATA, T., FUJITA, N., HIRAMATSU, Y., KOKUBO, K., TAKEYAMA, H.: The present stage and future of the machinability data service in Japan, Fourteen International Machine Tool Dedign and Research Conference Manchester, 12. 9.–14. 9. 1973.

[5] KHALES, J. F., FIELD, M.: Application of Machinability Data Banks in Industry, XIV. IMTDR-Conference, Manchester, 12. 9.–14. 9. 1973.

[6] JACOBS, H.-J.: Primärdatengewinnung für Fräsoptimierung durch Richtwertmaschine, Annals of the CIRP 25 (1976) 1, 403–406.

[7] LEOPOLD, J., TOTZAUER, W.: Unveröffentlichter Forschungsbericht TH Karl-Marx-Stadt, Sektion FPM 1975.

[8] LEOPOLD, J.: Methoden der Modellbildung – erläutert am Beispiel der Spannungsforschung, Konferenz: Philosophische Probleme der Entwicklung der Technikwissenschaften, TH Karl-Marx-Stadt 1977.

[9] WEBER, H.: Mechanik der Spanbildung, WZ der TH Karl-Marx-Stadt 11 (1969), 5, 597–629.

[10] BLACK, J. T.: On microscopic plastic instabilities in metal machining chips, Metalllurgical Transactions 3 (1972), 2012–2015.

[11] KACAÑOV, L. M.: Osnovy teorii platičnosti, Izd. Nauka, Moskva 1969.

[12] HILL, R.: The mathematical theory of Plasticity, Oxford University Press 1950.

[13] PRAGER, W., HODGE, P.: Theorie ideal-plastischer Körper, Springer-Verlag Wien 1954.

[14] CHRISTOPHERSON, D. G., OXLEY, P. L. B., PALMER, W. B.: Orthogonal Cutting of work-hardening Material, Engineering vol. 186 (1958), 113.

[15] PALMER, W. B., OXLEY, P. L. B.: Mechanics of Orthogonal Maching, Prog. Instn. Mech. Engrs. vol. 173 (1959) 24, 623–638.

[16] LEE, E. H., SHAFFER, B. W.: The theory of Plasticity Applied to a Problem of Machining, Journal of Applied Mechanics vol. 73 (1951), 405–413.

[17] LEOPOLD, J., ARNOLD, W.: Zur numerischen Berechnung von Gleitlinienfeldern bei der Zerspanung, WZ der TH Karl-Marx-Stadt 19 (1977), 1, 145–152.

[18] WEBER, H., LEOPOLD, J.: Plastizitätsmechanische Untersuchungen des Spanbildungsvorganges, Acta Technica 86 (1978), 3–4.

[19] TAY, A. O., STEVENSON, M. G., DE VAHL, DAVIS, G.: Using the finite Element Method to determine Temperature Distributions in orthogonal Machining, Proc. Instn. Mech. Engrs. Vol. 188, 627–638.

[20] GRÜNDEMANN, H.: Anwendung der Methode der finiten Elemente auf den Zerspanungsvorgang, Kolloquium „Beiträge zur mathematisch-naturwissenschaftlichen Durchdringung der Technologie der mvI“ TH Karl-Marx-Stadt 1977.

[21] ODEN, J. T.: Finite Elemente of nonlinear Continua, McGraw Hill Book Company 1972.

[22] ZIENKIEWICZ, O. C.: Methode der finiten Elemente, Fachbuchverlag Leipzig 1974, Übersetzung aus dem Englischen.

[23] ARGYRIS, J. H., BALMER, H., DOLTSINIS, J. ST.: Material non-linearities in the finite element analysis, ISD-Bericht, Stuttgart 1974.

[24] YAMADA, Y., YOSHIMURA, N., SAKURAI, T.: Plastic Stress-Strain Matrix and its Application for the Solution of Elastic-Plastic Problems by the finite element method, Int. J. Mech. Sci., 10, 343–354, 1968.

[25] v. TURKOVICH, B. F., MCLAY, R. W.: A new formulation of the constitutive equations for metal. Cutting for use in the finite element method, Sonderdruck.

[26] VOCKE, W., ULLMANN, K.: Experimentelle Dehnungsanalyse, VEB Fachbuchverlag Leipzig 1974.

[27] Gun, G. Ja. u.a.: Utočnenie potencial'nogo rešenija ploskoj zadači plastičeskogo Tečenija materiala pri slionom Trutkoobrazovanii, izv. vys. uč. zav. mašinostroenie 1973, 12, 150–153.

[28] Peschel, M.: Wege zu einer Systemtheorie unscharfer Signale Vortragsmanuskript – Tagung Modellbildung, Frankfurt/Oder 1973.

[29] Erfurt, F.: Untersuchungen des Zerspanungsvorganges mittels der Thermovisco-plastizitätstheorie, Diss. TU Dresden, 1973.

[30] Jaehnert, R.: Theoretische Untersuchungen der fließenden Schicht im Zerspanungsvorgang mit Methoden der Strömungsmechanik, Dipl.-Arbeit, TH Karl-Marx-Stadt, 1977.

[31] Totzauer, W., Will, P.: Experimentelle festkörpermechanische Untersuchungen des Spanungsprozesses, Kolloquium „Beiträge zur mathematisch-naturwissenschaftlichen Durchdringung der Technologie der mvI" TH Karl-Marx-Stadt 1977.

[32] Leopold, J., Totzauer, W., Arnold, W., Will, P., Naumann, J.: Kontinuumsmechanische Untersuchungen des Zerspanungsvorganges, WZ der TH Karl-Marx-Stadt 20, (1978), 1.

[33] Fujii, Y., Kiyoshi, T., Matsuno, M., Miura, K.: On Analysis of Orthogonal Cutting Mechanism with a Pb-Sn-Alloy, Bulletin of ISME 13 (1970), 57, 454–461.

[34] Naumann, J.: Experimentelle Untersuchung viskoelastischer und plastischer Spannungs- und Deformationszustände, TH Karl-Marx-Stadt, Dissertation 1974, Sektion Maschinen-Bauelemente.

[35] Richter, R.: Forschungsbericht, TH Karl-Marx-Stadt, Sektion Fertigungsprozeß und Fertigungsmittel 1975.

Autorenverzeichnis

G. Bieß, Prof. Dr. sc. nat., Technische Hochschule „Carl Schorlemmer“ Leuna-Merseburg, Sektion Mathematik und Rechentechnik

D. Bochmann, Doz. Dr. sc. techn., Technische Hochschule Karl-Marx-Stadt, Sektion Informationstechnik

H. Gründemann, Dr., Technische Hochschule Karl-Marx-Stadt, Sektion Fertigungsprozesse und -mittel

J. Leopold, Dr., Technische Hochschule Karl-Marx-Stadt, Sektion Fertigungsprozesse und -mittel

Ch. Posthoff, Dr. rer. nat., Technische Hochschule Karl-Marx-Stadt, Sektion Informationstechnik

W. Totzauer, Dr., Technische Hochschule Karl-Marx-Stadt, Sektion Fertigungsprozesse und -mittel

A. Weiß, Technische Hochschule „Carl Schorlemmer“ Leuna-Merseburg, Sektion Mathematik und Rechentechnik

HW. Weiß, Technische Hochschule „Carl Schorlemmer“ Leuna-Merseburg, Sektion Mathematik und Rechentechnik

W. Weller, Prof. Dr. sc. techn., Humboldt-Universität Berlin, Sektion Elektronik

FSC
www.fsc.org
MIX
Papier | Fördert
gute Waldnutzung
FSC® C083411

Zeitfracht Medien GmbH
Ferdinand-Jühlke-Straße 7
99095 Erfurt, Deutschland
produktsicherheit@kolibri360.de